Dream Cars

Die spektakulärsten Fahrzeugstudien von

Buick · Cadillac · Chevrolet · GMC · Hummer · Oldsmobile · Pontiac

www.komet-verlag.de
Bildquellen: Alle Fotos mit freundlicher Genehmigung und unter dem Copyright von General Motors Corp. Used with permission from GM Media Archives and GM Design.
Autor: Björn Marek
Gesamtproducing & Bildredaktion: Hans-Joachim Schneider, Köln
Gesamtherstellung: KOMET Verlag GmbH, Köln

ISBN 978-3-89836-916-9

Björn Marek

Dream Cars

Die spektakulärsten Fahrzeugstudien von
Buick · Cadillac · Chevrolet · GMC · Hummer · Oldsmobile · Pontiac

KOMET

Vorwort von Bob Lutz

Ich möchte dieses Vorwort gerne mit dem Vorwort beginnen, dass ich prinzipiell kein großer Anhänger von Büchern bin, die historische Automobile feiern. Ich denke, wir sollten nicht in der Vergangenheit leben und den Eindruck erwecken, dass die besten Tage bereits hinter uns liegen. Denn ich denke – nein, ich bin mir sicher –, dass General Motors die besten Tage noch vor sich hat. Andererseits wäre es eine Schande, wenn man die Gelegenheit ungenutzt lassen würde, all diese fantastischen Fotos und Geschichten von General-Motors-Konzeptfahrzeugen – GM's Dream Cars – in einem Buch zu vereinen. Genau deshalb existiert das Werk in Ihren Händen, und ich persönlich freue mich sehr darüber. Es ist eine Zusammenfassung über eine glorreiche Zeit und zugleich ein Vorbote für die glorreichen Zeiten, die noch kommen werden.

Dieses Buch ist eine Hommage an automobiles Design und die Menschen, die zur Geschichte von General Motors beigetragen haben.

Design unterscheidet Automobile, denn es trennt gute von hervorragenden Fahrzeugen. Design weckt Begeisterung und begründet die emotionale Beziehung zwischen Auto und Mensch. Design ist der Grund, dass das Automobil eine Leidenschaft erzeugt, wie kaum ein anderes Gut es jemals vermocht hat.

Stellen Sie sich vor, welche Emotionen das erste jemals gebaute Konzeptauto erregt haben muss, Harley Earls Buick Y-Job aus dem Jahre 1938. Sie finden dieses Auto in diesem Buch. Sie finden ebenfalls die herausragenden Konzeptautos aus den goldenen 1950er- und 60er-Jahren, wie zum Beispiel den General-Motors-LeSabre-Technologieträger, eines der bedeutendsten Konzepte überhaupt. Weitere dokumentierte Meilensteine sind der Cadillac Eldorado Brougham, Buick Wildcat und Chevrolet Corvette Roadster.

Im Laufe der Zeit, als Budgets kleiner wurden und gesetzliche Auflagen das Aussehen neuer Automobile prägten, hat das Design etwas gelitten. Aber ich denke, dass wir uns in Richtung einer neuen, goldenen Design-Epoche bewegen. Genau genommen tun wir das bereits seit einigen Jahren.

Die Beweisführung für meine Behauptung überlasse ich diesem Buch. General Motors Design hat regelmäßig herausragende Konzeptfahrzeuge hervorgebracht und viele dieser Kreationen haben übrigens ihren Weg in die Produktion gefunden. Beweise für eine Design-Renaissance finden sich genügend in der jüngsten Geschichte von General Motors, wie etwa Cadillac Sixteen, Pontiac Solstice, Chevrolet Camaro und Buick Invicta beweisen. Darüber hinaus haben wir ebenfalls eine Vielzahl von Concept Cars vorgestellt, die herausragendes Design mit revolutionären, fortgeschrittenen Technologien verbinden: Chevrolet Volt, Cadillac Converj und Opel Ampera bereiten den Weg für eine permanente Veränderung der Automobilindustrie.

General Motors ist stolz auf die geleistete Design-Arbeit und blickt mit noch größerem Stolz auf die Dinge, die noch kommen werden. Dieses Buch dokumentiert eine spektakuläre Vergangenheit und gibt zugleich Hinweise auf eine fabelhafte Zukunft.

Viel Spaß beim Lesen!

Bob Lutz
General Motors Vice Chairman, Globale Produktentwicklung

Björn Marek

Dream Cars

Die spektakulärsten Fahrzeugstudien von
Buick · Cadillac · Chevrolet · GMC · Hummer · Oldsmobile · Pontiac

KOMET

Inhalt

Chevrolet

GM

GMC

Hummer

Oldsmobile

Pontiac

Vorwort von Bob Lutz

Ich möchte dieses Vorwort gerne mit dem Vorwort beginnen, dass ich prinzipiell kein großer Anhänger von Büchern bin, die historische Automobile feiern. Ich denke, wir sollten nicht in der Vergangenheit leben und den Eindruck erwecken, dass die besten Tage bereits hinter uns liegen. Denn ich denke – nein, ich bin mir sicher –, dass General Motors die besten Tage noch vor sich hat. Andererseits wäre es eine Schande, wenn man die Gelegenheit ungenutzt lassen würde, all diese fantastischen Fotos und Geschichten von General-Motors-Konzeptfahrzeugen – GM's Dream Cars – in einem Buch zu vereinen. Genau deshalb existiert das Werk in Ihren Händen, und ich persönlich freue mich sehr darüber. Es ist eine Zusammenfassung über eine glorreiche Zeit und zugleich ein Vorbote für die glorreichen Zeiten, die noch kommen werden.

Dieses Buch ist eine Hommage an automobiles Design und die Menschen, die zur Geschichte von General Motors beigetragen haben.

Design unterscheidet Automobile, denn es trennt gute von hervorragenden Fahrzeugen. Design weckt Begeisterung und begründet die emotionale Beziehung zwischen Auto und Mensch. Design ist der Grund, dass das Automobil eine Leidenschaft erzeugt, wie kaum ein anderes Gut es jemals vermocht hat.

Stellen Sie sich vor, welche Emotionen das erste jemals gebaute Konzeptauto erregt haben muss, Harley Earls Buick Y-Job aus dem Jahre 1938. Sie finden dieses Auto in diesem Buch. Sie finden ebenfalls die herausragenden Konzeptautos aus den goldenen 1950er- und 60er-Jahren, wie zum Beispiel den General-Motors-LeSabre-Technologieträger, eines der bedeutendsten Konzepte überhaupt. Weitere dokumentierte Meilensteine sind der Cadillac Eldorado Brougham, Buick Wildcat und Chevrolet Corvette Roadster.

Im Laufe der Zeit, als Budgets kleiner wurden und gesetzliche Auflagen das Aussehen neuer Automobile prägten, hat das Design etwas gelitten. Aber ich denke, dass wir uns in Richtung einer neuen, goldenen Design-Epoche bewegen. Genau genommen tun wir das bereits seit einigen Jahren.

Die Beweisführung für meine Behauptung überlasse ich diesem Buch. General Motors Design hat regelmäßig herausragende Konzeptfahrzeuge hervorgebracht und viele dieser Kreationen haben übrigens ihren Weg in die Produktion gefunden. Beweise für eine Design-Renaissance finden sich genügend in der jüngsten Geschichte von General Motors, wie etwa Cadillac Sixteen, Pontiac Solstice, Chevrolet Camaro und Buick Invicta beweisen. Darüber hinaus haben wir ebenfalls eine Vielzahl von Concept Cars vorgestellt, die herausragendes Design mit revolutionären, fortgeschrittenen Technologien verbinden: Chevrolet Volt, Cadillac Converj und Opel Ampera bereiten den Weg für eine permanente Veränderung der Automobilindustrie.

General Motors ist stolz auf die geleistete Design-Arbeit und blickt mit noch größerem Stolz auf die Dinge, die noch kommen werden. Dieses Buch dokumentiert eine spektakuläre Vergangenheit und gibt zugleich Hinweise auf eine fabelhafte Zukunft.

Viel Spaß beim Lesen!

Bob Lutz
General Motors Vice Chairman, Globale Produktentwicklung

Vorwort des Autors

Dream Car, Idea Car, Show Car oder Concept Car – vier unterschiedliche Begrifflichkeiten, die doch alle eines gemeinsam haben: Hinter ihnen verbergen sich seit Jahrzehnten immer wieder aufregende Fahrzeugstudien, die – vollgepackt mit Innovationen – einen Ausblick auf die Zukunft geben, wie sie sich die verantwortlichen Ingenieure und Designer zu ebenjener Zeit vorstellen.

Sie präsentieren von Grund auf neue Ideen oder Weiterentwicklungen, lassen vor allem aber immer Freiraum für Träume; sei es auf Seiten der verantwortlichen Designer oder aber bei Ihnen, liebe Leser, den begeisterten Betrachtern. Denn wer von Ihnen hat nicht vielleicht schon einmal beim Betrachten eines innovativen Konzeptfahrzeuges davon geträumt, eines schönen Tages selbst hinter dem Steuer zu sitzen?

Der General-Motors-Konzern hat in den mehr als 100 Jahren seiner Existenz und unter den hauseigenen Markennamen unzählige Konzepte entwickelt, die mal als Ausgangsbasis für Umsetzungen in der Serienproduktion dienten, manchmal aber auch sprichwörtlich einfach ihrer Zeit zu weit voraus waren und wieder in Vergessenheit gerieten.

Mit diesem über 200 Seiten starken Bildband möchten wir Ihnen die Highlights der Dream, Idea, Show und Concept Cars aus dem Hause General Motors nahebringen und Sie mit auf die Reise in eine glorreiche automobile Vergangenheit nehmen. Hätten Sie zum Beispiel gewusst, dass es bereits im Jahr 1951 einen Sensor gab, der Cabrio-Verdecke bei einsetzendem Regen automatisch schloss? Oder schon im Jahr 1956 die erst heutzutage vermehrt aufkommende Rückfahrkamera? Im Jahr 1959 die heute in Oberklasse-Limousinen optional zum Einsatz kommende Luftfederung? Oder dass ein lange verloren geglaubtes Concept Car von 1954 dem Bieter bei einer weltweit bekannten Auktion im Jahr 2005 drei Millionen Dollar wert war, um es für die heimische Garage zu ersteigern? Von allen diesen Einzigartigkeiten möchten wir in diesem Bildband berichten. Seien Sie gespannt und tauchen Sie ein in die schönsten Seiten der automobilen Vergangenheit …

Eine wunderbare Unterhaltung wünscht

Björn Marek

Zu besonderem Dank verpflichtet bezüglich der Umsetzung dieses Bildbandes bin ich Klaus-Peter Martin für die permanente Reaktionsbereitschaft auf meine zahlreichen E-Mail- und Telefonanliegen („Grüße aus dem verregneten Deutschland ins ebenso verregnete Detroit!"), des Weiteren Larry M. Kinsel für seine monatelang andauernde Recherche im umfangreichen Bildarchiv von General Motors. Last not least möchte ich an dieser Stelle natürlich auch Bob Lutz' Beitrag in Form seines äußerst gelungenen Gast-Vorwortes hervorheben, dessen Abdruck für mich eine besondere Ehre darstellt.

Buick
1938 bis 2008

1938 Buick Y-Job

Der Y-Job aus dem Präsentationsjahr 1938 wird oft als das erste Concept Car der Autoindustrie im eigentlichen Sinne, also als fahrbare Variante mit Präsentation auf Messen, beschrieben. Die Design-Hoheit für den Buick hatte Harley J. Earl inne, GM's erster Chef-Designer und Gründer der seit 1927 bestehenden hauseigenen „Art & Color Section" (ab dem Jahr 1937 als „The Styling Department" bezeichnet).

Seinen Namen verdankt das Konzept der Tatsache, dass viele Autofirmen der damaligen Zeit ihre hausinternen Experimentalfahrzeuge mit dem Buchstaben „X" versahen, Earl dahingehend also „etwas anders" auftreten wollte.

Seitens der Hersteller war es übrigens lediglich üblich, seine in Serie gefertigten Fahrzeuge auf Ausstellungen zu präsentieren. Kreative Entwürfe, von denen nur Details das Design eines späteren Serienautos beeinflussen sollten, blieben verborgen in den Hallen der Studios. Bis zum Auftritt Earls ... Der nämlich fuhr den Y-Job nach seiner Fertigstellung sogar im privaten Rahmen bei schönem Wetter viele Jahre lang, bevor er später schließlich auch auf Messen der breiten Öffentlichkeit gezeigt wurde.

Aerodynamisch wie aus einem Guss

Der zweisitzige Sportwagen basiert auf einem vom damaligen GM-Chef-Ingenieur Charles Chayne verlängerten Buick-Serienchassis, ist rund 5,30 Meter lang, lediglich 1,48 Meter hoch und wird von einem 5,2 Liter großen Achtzylinder mit 141 PS angetrieben. Ein Novum waren die in die Kotflügel eingelassenen und auf Knopfdruck versteckten Scheinwerfer, das nach dem Öffnen unter einem Metalldeckel verborgene elektrische Verdeck, die elektrischen Fensterheber oder die elektrischen Drucktasten-Türöffner. Der Y-Job war fließend gezeichnet, wirkte aerodynamisch, sportlich und wie aus einem Guss. Die Stoßstangen schmiegten sich an die Karosserie, Einstiegstrittleisten gehörten der Vergangenheit an. Styling und technische Feinheiten (etwa der horizontale Grill) kamen im Laufe der 1940er Jahre bei Cadillac- und Buick-Serienmodellen zum Einsatz. ■

Buick Y

Buick Y

1951 Buick XP-300

Gleich zwei faszinierende Buick-Concept Cars präsentierte General Motors auf der Motorama des Jahres 1951; auf der einen Seite den LeSabre, auf der anderen den XP-300. Die GM Motoramas waren acht von Harley Earl zwischen 1949 und 1961 initiierte Autoshows, auf denen sowohl Serien- als auch Konzeptfahrzeuge gezeigt wurden, um den Menschen nach den Entbehrungen des Zweiten Weltkrieges Lust auf das neue Automobil zu machen.

Experiment mit 300 PS Leistung

Während der LeSabre ausnahmslos in Harley Earls Kopf entstand, arbeitete Chef-Ingenieur Charles Chayne (von ihm stammt auch die Chassiskonstruktion des Y-Job) federführend am XP-300. Beide Fahrzeuge bedienten sich einer ähnlichen technischen Basis und ähnlicher Innovationen, optisch allerdings unterschieden sich die Aluminium-Karosserien deutlich voneinander. Der 4,89 Meter lange und 1,36 Meter hohe XP-300 verdankt seinen Namen der Abkürzung für „Experimental" und den 300 PS Leistung, die sein kompressorgeladener 3,5-Liter-V8 entwickelte. ■

MICHIGAN
AG·30·00

1951 Buick LeSabre

Der LeSabre wurde erstmals auf der Motorama des Jahres 1951 gezeigt. Wie so viele Fahrzeuge griff man auch hier das Flugzeugdesign („Aerostyle") der damaligen Zeit auf und interpretierte es als PKW-Form. Im Speziellen stand beim hier gezeigten Buick der Kampfjet „F-86 Sabre" Pate, dessen erstes Serienmodell seinen Jungfernflug am 20. Mai 1948 absolviert und ein paar Monate später bereits einen neuen Flugzeug-Geschwindigkeitsrekord (1.079 km/h) aufgestellt hatte.

Innovatives Flugzeugdesign

Die Ähnlichkeit zu Schnauze und Rumpf des Kampfflugzeuges ist im direkten Vergleich am LeSabre deutlich zu erkennen. Hinter dem zentralen, oval gezeichneten Grill verbergen sich die Scheinwerfer, Kühlung verschaffte man dem kompressorgeladenen 3,5-Liter-Achtzylinder-Motor (300 PS) mit seinen hemisphärischen Zylinderköpfen durch den Lufteinlass darunter, der auch die Stoßstange mit ihren zwei „Hörnern" (sie sollten an die Bomben des Flugzeuges erinnern) in zwei Hälften teilte.

Die von Harley Earl im LeSabre mitgenommenen Passagiere (richtig, er nutzte auch dieses Konzept über 80.000 Kilometer privat) blickten durch eine Panorama-Windschutzscheibe, das Heck des Wagens lief in aerodynamischen Heckflossen aus. Lufteinlässe in den hinteren Kotflügeln versorgten die Trommelbremsen mit Luft. Ein zentrales Bremslicht am Heck suggerierte einen glühenden Flugzeug-Nachbrenner. Innovativ gab sich auch das Innere des Cabriolets, dessen Dach sich dank eines Regensensors beim ersten Tropfen automatisch schloss. Das Armaturenbrett war voll mit Instrumenten für Geschwindigkeit, Tankanzeige, Benzin- und Öldruck, Motortemperatur, ja sogar Kompass und Höhenmesser waren mit an Bord. Fest installierte hydraulische Wagenheber an allen vier Fahrzeugenden erleichterten auf Knopfdruck den Reifenwechsel.

Der Buick war komplett aus Aluminium, Magnesium (Motorhaube, Kofferraumdeckel und Türen) und Fiberglass gefertigt, was ihm trotz seiner Größe lediglich zu einem Gesamtgewicht von rund 1,4 Tonnen verhalf. ■

1953 Buick Wildcat I

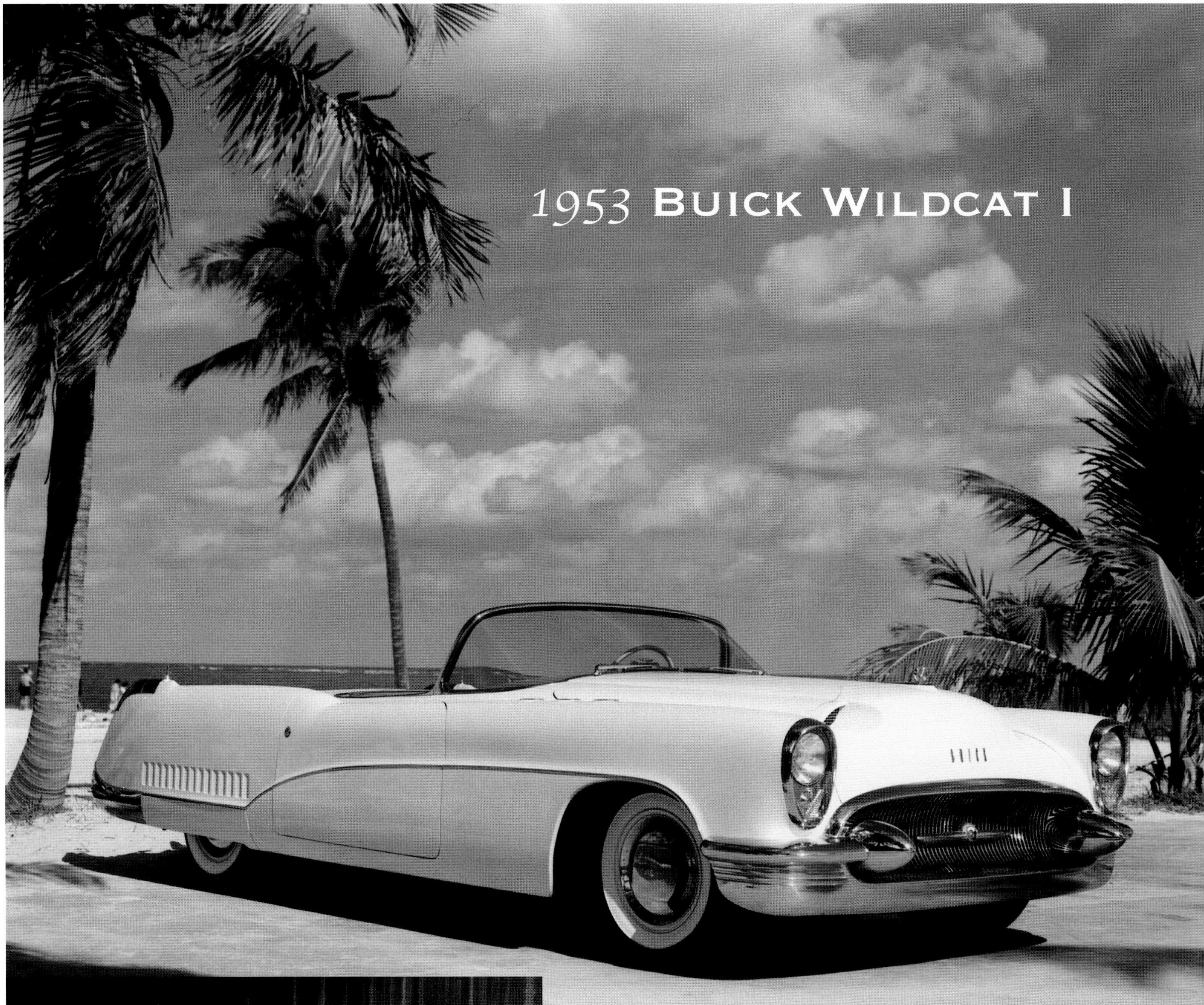

Wesentlich sportlicher als die bis zu diesem Zeitpunkt produzierten Buicks war das Dream Car mit dem Namen Wildcat, 1953 auf der GM Motorama gezeigt und eines der ersten Fiberglas-Konzepte.

Zweisitzer mit Panoramablick

Der Wildcat war als Zweisitzer konzipiert, besaß eine flach stehende Panorama-Windschutzscheibe, zwei vergitterte Lufteinlässe in der Motorhaube, Stoßstangenhörner und den Buick-typischen vertikalen Kühlergrill, allerdings filigraner umgesetzt als die bis dato gezeigten.

Auch die „Portholes" (runde Lufteinlässe an den vorderen Kotflügeln) waren als Stilmittel am Wildcat wiederzufinden, allerdings nicht wie bei den Serienmodellen an den Seiten eingebracht, sondern auf den Kotflügeln liegend. Das Heck besaß zwei dezente äußere Flossen, ebenso noch zwei mittig auf dem Kofferraumdeckel auftauchende Exemplare mit einem stehenden Buick-Logo dazwischen.

Eine besondere Erwähnung verdienen die vorderen „Roto-Static"-Radkappen, die dank eines Kugellagers und ausgewogener Gewichtsverteilung auch beim Fahren des Konzeptes still stehenblieben, anstatt sich – wie normalerweise gewohnt – mitzudrehen.

Unter dem Blech des 5,55 Meter langen und 1,43 hohen Wildcat I waren ein 5,3 Liter großer V8 mit 188 PS und eine Dreistufen-Automatik verbaut. ■

1954 Buick Wildcat II

Das Wildcat-Dream Car Nummer II war ebenso wie sein Vorgänger ein sportlich designtes Cabriolet.

Dream Car mit edlem Interieur

In einem Newsletter an die großen Nachrichtenredaktionen vom 17. Januar 1954 beschrieb General Motors seinen neuesten Streich (auszugsweise) mit folgenden Worten: „Der neue Wildcat ist der einzige Sportwagen mit echtem amerikanischen Design. Komplett aus Fiberglas gefertigt und auf einem kurzen Radstand von 2,54 Metern basierend, begeistert das Konzept durch seine extravagant geformten vorderen Kotflügel, die unter anderem den Blick freigeben auf die vordere Radaufhängung. Die Scheinwerfer sind freischwebend montiert."

Lackiert wurde der Wildcat II in einem kräftigen Blau, kombiniert mit einem in weißes Leder gehüllten Interieur. Seine Kraft entnimmt das Dream Car einem serienmäßigen Buick-V8 mit Vierfach-Vergaser und 220 PS. Erstmals präsentiert wurde der Wildcat II auf der GM Motorama in New York City. ■

1954 BUICK LANDAU

Diese modifizierte Buick-Limousine erinnert an die besonders luxuriösen Landau-PKWs der 1930er Jahre.

Sie zeichneten sich, ebenso wie dieser Buick des Jahres 1954, unter anderem durch einen per elektrischer Scheibe abtrennbaren Chauffeursbereich aus. Des Weiteren ließ sich der Dachteil über den Fondpassagieren elektrisch hinunterklappen, sodass hier Cabriolet-Gefühle aufkamen. Der Kofferraumdeckel des Viertürers zog dank edlem Lederbezug die Blicke auf sich. ■

1955 Buick Wildcat III

Im Gegensatz zu seinen beiden Namens-Vorgängern war die dritte Version des Wildcat kein Zweisitzer mehr, sondern bot in seiner Fiberglas-Karosserie Platz für vier Personen.

Concept Car mit Panoramafenster

Die Panorama-Frontscheibe war noch weiter herumgezogen als zuvor, die „Dagmar-Bumpers" (umgangssprachlich benannt nach dem spitz geformten BH einer bekannten Fernsehmoderatorin der damaligen Zeit) genannten Stoßstangenhörner noch ausgeprägter und in ähnlichem Design auch am Heck des zweitürigen Concept Cars zu finden. ■

1956 Buick Centurion

Auch der Centurion interpretierte mit seiner Optik das Flugzeugdesign auf die Straße. Die Scheinwerfer-Höhlen erinnerten an „umgekehrte" Triebwerke, das Heck war optisch fließend leicht nach unten gezogen.

Frischluftgefühl dank Glasdach

Die vier Passagiere des Buicks fanden unter einem komplett durchsichtigen Dach Platz und genossen so ein Open-Air-Feeling, das seinesgleichen suchte. Dennoch erleichterte eine im Heck montierte Kamera dem Fahrer den Blick nach hinten. Einen besseren Ein- und Ausstieg gewährleisteten automatisch zurückfahrende Sitze. ■

1958 BUICK XP-75

Der XP-75 entstand jenseits des Großen Teiches bei Pininfarina im italienischen Turin. Die ausgeprägten, in einem Winkel von rund 45 Grad stehenden Heckflossen fanden bei den Serien-Buicks der darauffolgenden Modelljahre ebenso Verwendung wie die ungewöhnliche Gürtellinie und Front des Zweitürers mit Platz für zwei Personen.

Der XP-75 bot Annehmlichkeiten wie Klimaanlage oder elektrische Fensterheber, angetrieben wurde er von einem 5,7 Liter großen Achtzylinder. ■

1961 Buick Flamingo Convertible

Am augenscheinlichsten unterschied sich dieses Show Car von einem serienmäßigen Buick Electra 225 des Modelljahres 1961 durch seine strahlende Lackierung in „Flamingo Pink". Zudem war der Fahrersitz um 180 Grad nach hinten drehbar, um den Fondpassagieren bei Unterhaltungen gegenübersitzen zu können. ■

1963 Buick Riviera Silver Arrow I bis III

Der Silver Arrow I entstand im Auftrag des damaligen GM-Chef-Designers Bill Mitchell. Als Basis diente eine Serienvariante des im Modelljahr 1963 erstmals verkauften Sport-Coupés Riviera, eingesetzt als Konkurrent zum Thunderbird aus dem Hause Ford.

Der getreu seines Namens strahlend silbern lackierte Silver Arrow I besaß neben weiteren Details ein niedrigeres Dach, eine dezent verlängerte Haube und einen modifizierten Kühlergrill.

Im Gegensatz zu „Teil 1" unterschieden sich der Silver Arrow II von 1968 und der Silver Arrow III von 1972 nur geringfügig vom vergleichbaren Serienmodell. ■

Buick Silver Arrow – Generation 2

Buick Silver Arrow – Generation 3

Buick Silver Arrow – Generation 1

1983 BUICK QUESTOR

Im Jahr des 75-jährigen Jubiläums von General Motors zeigte man den Questor. Das unter dem Buick-Label präsentierte Konzept war eine Anhäufung aus den allerneuesten Entdeckungen im Bereich der Elektronik und verfügte über insgesamt 14 im Wagen versteckte Mikro-Computer.

Damit befehligten seine Entwickler Innovationen wie ein Zugangssystem per Laser-Schlüssel oder ein sprachgesteuertes Radio-Telefon. Auch ein Monitor mit Touch-Screen-Funktion fand in der Mittelkonsole Platz. Über einen eigenen Motor oder ein Getriebe verfügte die Studie im Gegensatz dazu allerdings nicht. ■

Das Mittelmotorkonzept aus dem Jahr 1985 ist das vierte Show Car mit Wildcat-Bezeichnung in der Historie der Marke Buick. Doch nachdem die Studien von 1953, 54 und 55 oder das zwischen 1962 und 1970 gefertigte Serienmodell mit dem neuen Entwurf überhaupt nichts gemeinsam haben sollten, verzichtete man auf den römischen Zahlenanhang im Namen.

Concept Car mit Fiberglas-Karosserie

Der neue Wildcat gab sich als aerodynamischer Sportwagen, wobei es hier im Gegensatz zu anderen Concept Cars nicht vorrangig um das Karosseriedesign, sondern vielmehr um den Antrieb ging. Direkt hinter der Kabine zeigte sich im Heck des Allradlers gut sichtbar ein von McLaren überarbeiteter 3,8 Liter großer Buick-V6 mit 24 Ventilen, zwei obenliegenden Nockenwellen und sequentieller Kraftstoffeinspritzung. Doch abgesehen davon lohnt es sich auch, ein paar Worte über den 4,38 Meter langen und lediglich 1,11 Meter hohen Fiberglas-Körper zu verlieren. Türen im klassischen Sinne besaß der Wildcat nämlich nicht; stattdessen wurde das komplette Dach nach oben geöffnet und zugleich kippte die Lenksäule nach vorne weg, um einen besseren Einstieg zu gewährleisten. ■

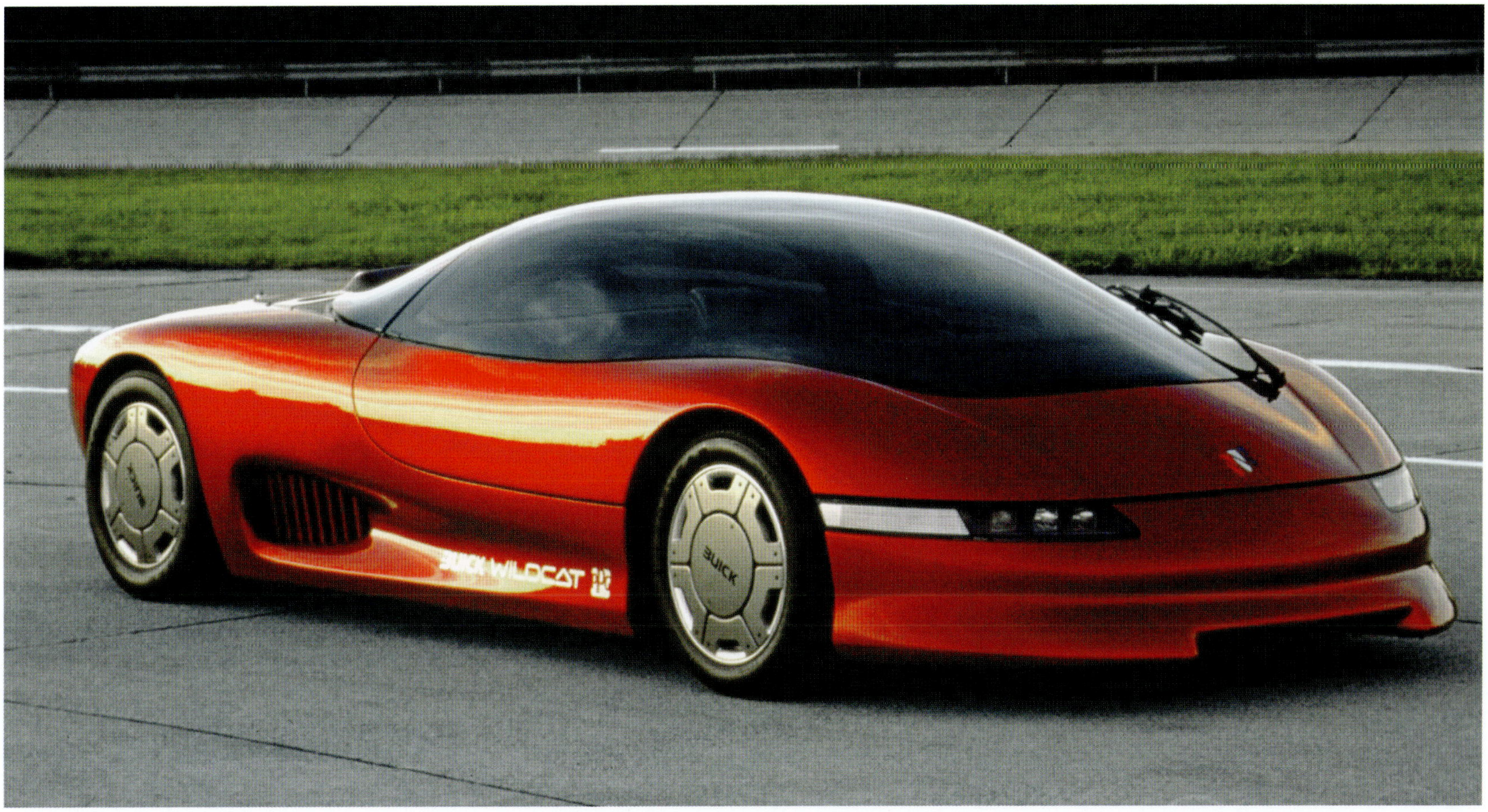

Mit dem Anfang 1998 auf der North American International Auto Show in Detroit, Michigan, präsentierten Signia auf Basis des Park-Avenue-Chassis zeigte General Motors seine Vorstellung eines „Multiple-Activity Vehicle“.

Hybrid mit zweiteiliger Heckklappe

Während der Buick von vorne betrachtet durchaus elegant wirkte, zog insbesondere das Heck mit seiner riesigen Kuppelscheibe die Blicke auf sich; dennoch war es durchaus praktikabel konzipiert: Zum Öffnen schwang das Glas komplett nach oben und die in der Mitte geteilte, außen angeschlagene zweiteilige Heckklappe (Stichwort: Saloon-Türen) machte Platz fürs Beladen des Raumwunders. Den Hybrid-Allradantrieb gewährleistete ein kompressorgeladener V6 und ein an die Hinterachse angeschlossener Elektromotor. ■

1998 Buick Signia

1999 Buick Cielo

Als echtes Frischluftvergnügen ist die Studie Buick Cielo konzipiert worden. Das Dach des viertürigen Hardtops mit dem klassischen Buick-Kühlergrill und den hinteren gegenläufig öffnenden Türen besteht aus drei Teilen, die bei Bedarf elektrisch im Kofferraum versenkt werden können.

Dadurch sind die vier Passagiere des Konzeptes zwar „oben ohne" unterwegs, bei einem Unfall bzw. Überschlag aber dennoch durch die beiden Dachlängsträger geschützt; von Geräuschdämmung und Schutz vor Umwelteinflüssen im geschlossenen Zustand einmal ganz zu schweigen. Die Studie greift gekonnt den klassischen Buick-Hüftschwung der 1950er Jahre auf, angetrieben wird sie von einem kompressorgeladenen V6 mit 240 Pferdestärken. Der Name des Concept Cars wurde aus dem Spanischen abgeleitet – Cielo bedeutet „Himmel". ■

2000 Buick Regal Cielo

Was General Motors im Jahr 1999 noch als komplette Fahrzeugstudie zeigte, adaptierte man knapp ein Jahr später auf Basis eines Serienmodells. Beim auf der Greater Los Angeles Auto Show Anfang Januar 2000 gezeigten Buick Regal Cielo sprach man zwar noch immer von einem Concept Car, hätte sich zum damaligen Zeitpunkt aber auch eine baldige Umsetzung als kaufbare Limited Edition vorstellen können. Leider wurde daraus dennoch nichts.

Die Entwickler hatten eine serienmäßige Regal GS Limousine ihres festen Daches beraubt und stattdessen die Konstruktion des 1999er Cielo-Konzeptes adaptiert. Und so verschwanden zwei Dachteile und die Heckscheibe auf Wunsch komplett senkrecht im Kofferraum (somit war auch im offenen Zustand weiterhin Stauraum vorhanden), es ließ sich aber auch nur der vordere Dachteil als eine Art Sonnendach oder die Heckscheibe versenken. Dank der beiden Dach-Längsträger hätte auch der Regal Cielo bei Überschlägen einen guten Insassen-Schutz gewährleistet. ■

Der Blackhawk gibt sich als Design-Interpretation der 1930er und 40er Jahre gepaart mit moderner Technik und war vornehmlich als Blickfang für Custom/Hot Rod Shows konzipiert, um die Marke Buick dort in den Fokus zu rücken.

Elemente aus den 1930er und 40er Jahren

Seine Front erinnert an den Kühlergrill des 1939er Modelljahres, die Karosserie ohne Türgriffe und mit versteckten Scheinwerfern kreierte man in Reminiszenz an die 1941er bis 48er Buick Roadmaster mit ihrer Torpedo-Form. Die Windschutzscheibe ist klassisch geteilt, obgleich das Glas gebogen ist. Der „Black Cherry"-farbene 2+2-Sitzer besitzt ein versenkbares Klappdach aus Carbon und beschleunigt dank eines 462 PS starken V8 (aus einem 1970er Buick GS Stage III) und einer modernen Vierstufen-Automatik innerhalb von fünf Sekunden auf Tempo 100. Die 18"-Räder mit ihren 295er Reifen sind rundum einzeln aufgehängt. Das Interieur des Blackhawk entliehen seine Schöpfer einem Buick Riviera des Modelljahres 1996 – natürlich aufwändig modifiziert und ans Gesamtkonzept angepasst. Die Fahrten zu Messen und Veranstaltungen nimmt das Concept Car aus dem Jahr 2000 im Gegensatz zu vielen anderen Konzepten vornehmlich auf eigener Achse auf sich. ■

2000 Buick Blackhawk

2001 Buick LaCrosse

Als Mischung aus Sport-Truck mit Ladeflächen-Kapazität und Luxus-Fließheck-Limousine mit sportlichen Ambitionen wurde dieses Konzept aus dem Hause Buick konzipiert. Auf Knopfdruck verschwinden beim LaCrosse mit seinem ausgeprägt sinnlichen Hüftschwung Teile des Heckbereiches und ermöglichen so die Zuladung sperriger Gegenstände.

Die Motorhaube ist seitlich angeschlagen, darunter verbirgt sich ein 4,2 Liter großer Achtzylinder mit 265 Pferdestärken. ■

2001 BUICK BENGAL

Der kleine offene Sportwagen ist kompakt und fließend gezeichnet und sollte insbesondere jüngere Käuferschichten für die Marke Buick begeistern. Im Gegensatz zu vielen anderen Roadstern bietet der auf 20"-Leichtmetallfelgen rollende Bengal Platz für vier Personen, die über eine dritte, hinten angeschlagene Tür auf der Fahrerseite zusteigen können. Bei Bedarf lassen sich die Rücksitze aber auch unter einem Tonneau Cover verbergen, sodass echtes Zwei-Personen-Roadster-Feeling aufkommen kann. Holz und Leder, ein auf die Scheibe projiziertes Head-up-Display, Bedienung durch Spracheingabe, ein Premium-Soundsystem und ein extrem aufgeräumt wirkendes Armaturenbrett ohne „störende" Knöpfe werten das Interieur der durch vier Scheinwerfer-„Sehschlitze" an der Front böse dreinblickenden Studie auf. Auch der klassisch geformte Buick-Kühlergrill des 1939er Modelljahres findet hier zwecks Wiedererkennung erneut Verwendung.

Motorisiert ist der an den Vorderrädern angetriebene Bengal mit einem kompressorgeladenen 3,4 Liter großen V6 mitsamt Sechsstufen-Automatikgetriebe und 250 PS. ■

CENTIEME

Eine elegant gezeichnete Mischung aus Luxus Limousine und Sport-Utility-Vehicle ist die pünktlich zum 100. Geburtstag der Marke Buick gezeigte Studie Centieme. Die nach hinten ansteigende und extravagant in Ellipsenform geschwungene Seitenscheibenfläche bildet zusammen mit Front und Heck mit ihren kurzen Überhängen eine gelungene optische Einheit.

Dank seines langen Radstandes finden im Konzept sechs Personen auf Einzelsitzen in drei Reihen äußerst großzügig Platz, wobei sich die mittlere Reihe elektrisch nach vorne fahren lässt, um den hintersten Passagieren einen optimalen Einstieg zu bieten.

2003 Buick Centieme

Eine Mittelkonsole trennt Fahrer und Beifahrer in erster und zweiter Reihe voneinander, Leder, Holz, Aluminium und DVD-Unterhaltung ergänzen die luxuriöse Atmosphäre. Ein besonderes Highlight (im wahrsten Sinne des Wortes) ist die großflächige indirekte Illuminierung unter dem Dach.

Den Antrieb gewährleistet ein 3,6 Liter großer V6 mit zwei Turboladern, der 400 PS und 542 Newtonmeter Drehmoment zur Verfügung stellt und seine Kraft über eine Vierstufen-Automatik an alle vier massigen 22"-Aluminium-Räder weiterleitet. Das Design des Centieme entstammt der Feder des italienischen Designstudios Bertone. ■

2004 Buick Velite

Eine optisch seriennähere Studie zum Thema viersitziges Cabriolet als der 2001er Buick Bengal ist das Modell Velite, dessen Präsentation auf der New York Auto Show im April 2004 erfolgte. Ein langer Radstand, kurze Überhänge, 20 und 21 Zoll große Felgen – der 4,72 Meter lange Buick wirkt elegant, dynamisch und sportlich zugleich. Der dominante Kühlergrill wird flankiert von den vertikalen Xenon-Scheinwerfern, ein gelungenes Stilmittel sind auch die neu interpretierten „Portholes" an den vorderen Kotflügeln.

Das zweifarbig gehaltene Innere wirkt aufgeräumt und dank reichlich verarbeiteten Kuhhäuten sehr hochwertig.

Gestartet wird der 400 PS und 542 Newtonmeter starke 3,6-Liter-Biturbo-V6 des Velite schlüssellos, die Kraftübertragung an die Hinterräder übernimmt ein sechsstufiges Automatikgetriebe. ■

BUICK

2007 BUICK RIVIERA

Dieses spektakuläre Flügeltür-Coupé zeigte die GM-Division der Öffentlichkeit im Rahmen der Motor Show in Shanghai. Designtechnisch umgesetzt wurde die Studie vom Pan Asia Technical Automotive Center (PATAC) in China. Und dies alles nicht ohne Grund, schließlich gibt es bezüglich der Buick-Verkaufszahlen in Asien nichts zu klagen.

Mit der hier präsentierten Studie reaktivieren die Verantwortlichen zugleich eine der legendärsten Modellbezeichnungen der Marke, wurden doch zwischen 1963 und 1999 über eine Million Exemplare gefertigt. Der eisblaue Riviera des Jahres 2007 besticht durch seine fließend gezeichneten Linien, üppige 21"-Räder und vor allem durch die weit nach oben schwingenden Flügeltüren auf beiden Seiten.

Der Innenraum des Concept Cars weist nicht nur die perfekte Mischung aus Chrom und Holz auf, sondern ebenso eine farblich verstellbare passive Beleuchtung. Ebenso illuminiert sind das Buick-Logo im Kühlergrill, Seitenstreifen und die Auspuffenden. Kreativität pur! Mobilisiert wird die rund 4,70 Meter lange und 1,40 Meter hohe Coupé-Studie durch ein Hybridantriebssystem. ■

2008 Buick Invicta

Im Rahmen der Auto China 2008 gab man mit der Studie Invicta (erstmals seit 45 Jahren fand die Modellbezeichnung wieder Verwendung) einen Ausblick darauf, wie man sich die Zukunft der Marke Buick auf den zwei größten automobilen Märkten der Welt – den USA und China – vorstellt. Herausgekommen ist dabei eine Evolution der vorangegangenen Studien Velite Convertible (2004) und Riviera Coupé (2007), die beide ebenfalls typische Designinnovationen aus der Vergangenheit der Marke aufgegriffen hatten.

Fließende Linien dominieren die gesamte Karosserie, der Buick-typische Hüftschwung („Sweepspear" genannt) zieht sich gekonnt über die Längsseite des Invicta bis hinein in die Rückleuchten. Ebenso wie das Riviera-Concept aus dem Vorjahr besitzt auch die neueste Kreation kurze Überhänge und eine flach verlaufende Dachlinie mit liegender Windschutzscheibe. Die Scheinwerfer sind eingefasst von poliertem Aluminium, dazwischen thront der Waterfall-

Kühlergrill, die legendären Portholes (drei pro Seite) liegen auf der Motorhaube. Die Passagierkabine mit ihrem optisch von den Türen her über die geschwungene Mittelkonsole fließend durchlaufenden Armaturenbrett vermittelt ein Gefühl räumlicher Freiheit, unterstützt vom großen Glasdach für alle Passagiere. Edle Materialien wie Holz, poliertes Aluminium, feinstes Wildleder oder die passive LED-Beleuchtung setzen luxuriöse Akzente.

Angetrieben wird der Buick Invicta des Jahres 2008 von einem turboaufgeladenen Vierzylinder-Aggregat mit 250 PS und rund 300 Newtonmetern Drehmoment, die Kraftübertragung erfolgt per Sechsstufen-Automatikgetriebe. ■

Cadillac

1933 bis 2009

1933 CADILLAC AERODYNAMIC COUPÉ

Das Aerodynamic Coupé war die erste öffentlich gezeigte Studie aus dem Hause Cadillac. Mit seinem Fließheckdesign versprühte das Coupé eine Mischung aus Eleganz, Kraft und dezenter Sportlichkeit und setzte die Segel für die insbesondere in den 1940er Jahren beliebte dynamisch wirkende Fastback-Optik. Dazu verschwand unter anderem das Ersatzrad im Kofferraum des Ponton-Coupés mit seinen 3,92 Meter Radstand. Das Design des Aerodynamic Coupé fand unter anderem Verwendung in den Pontiac-Modellen des Jahres 1935.

Über sein Fließheckdesign hinaus kam das auf der Chicago World's Fair präsentierte Concept Car auch mit dem weltweit ersten 16-Zylinder-Motor in einem PKW daher. ■

1953 Cadillac Orléans

Auf der Motorama im Januar 1953 zeigten die General-Motors-Mannen nicht nur ihr Dream Car mit dem Namen LeMans, sondern auch einen zweiten Cadillac mit ebenfalls französischem Namen.

Der Orléans gilt als das erste amerikanische viertürige Hardtop überhaupt und verzichtete im Gegensatz zu den gewohnten Limousinen auf die B-Säulen. Dadurch gelang es den Designern, die sportliche und bisher nur von Zweitürern bekannte Hardtop-Optik auch ebenjenen Kunden zugänglich zu machen, die nicht auf die hinteren zusätzlichen (im Falle des Orléans hinten angeschlagenen) Türen verzichten wollten. Der Orléans besaß rahmenlose Fensterscheiben, die in der gesamten Automobilindustrie ebenfalls große Beachtung und Nachahmer finden sollten. Die GM-Marken Buick und Oldsmobile präsentierten ihre ersten „4-dr Hardtops" in den Serienmodellen des Jahres 1955, Cadillac hingegen wartete ein Jahr länger. Hier waren die hinteren Türen allerdings „normal" angeschlagen, lediglich die 1957er und 58er Eldorado Broughams besaßen den bald mit dem Spitznamen „Selbstmördertüren" versehenen Öffnungsmechanismus des Orléans. ■

1953 Cadillac LeMans

Bereits 1950 nahm Cadillac mit zwei Fahrzeugen, einem nahezu serienmäßigen Coupé de Ville der Serie 61 und einem stärker modifizierten Cadillac-Spider-Rennwagen (Spitzname „LeMonstre"), am legendären 24-Stunden-Rennen im französischen Le Mans teil (Ergebnis: 10. und 11. Gesamtrang). Rund drei Jahre später erinnerte man mit der Studie LeMans an diesen beachtenswerten Erfolg.

Das Konzept erlebte seine Publikumspremiere im New Yorker Hotel Waldorf Astoria und war einer der Stars der 1953er Motorama, General Motors' quer durch Amerika reisender Show von Dream Cars.

Im Vergleich zu einem serienmäßigen Cabriolet des Modelljahres 1953 war die Studie rund 20 Zentimeter flacher, kürzer und verfügte zudem über eine Fiberglas-Karosserie, die das dreisitzige Konzept (eine durchgehende Sitzbank) rund 180 Kilogramm leichter machte. Insbesondere die Front nahm das Design des edlen 1954er Cadillac Eldorado Sport Convertible Coupé vorweg.

Den Antrieb gewährleistete ein 250 PS starker V8 mit Automatikgetriebe, dessen Wählhebel am Lenkrad entfernt und durch Knöpfe im Armaturenbrett ersetzt wurde (Stichwort: Tipptasten-Automatik). Das Interieur begeisterte durch Leder mit eingearbeiteten Logos, Chrom, ein Push-Button-Radio und viele weitere Annehmlichkeiten (etwa einen beim Einsteigen elektrisch wieder in seine zuvor eingestellte Position zurückfahrenden „intelligenten" Sitz).

Insgesamt vier Exemplare sollen vom LeMans Show Car angefertigt worden sein. Gerüchten zufolge soll Nummer 1 nach den Ausstellungen an den

Schauspieler John Wayne veräußert worden sein, bevor es Jahre später bei einem Brand zerstört wurde. Nummer 2 erwarb Floyd Akers, der damalige Besitzer von „Capitol Cadillac", einem Washingtoner Vertragshändler. Den dritten produzierten LeMans schenkte Schuhladen-Magnat Harry Karl seiner Frau Marie; dieser Wagen wurde einige Zeit später von dem Blechkünstler George Barris modifiziert. Wagen Nummer 4 erhielt J. E. „Bud" Goodman, einstiger Chef des „Fisher Body"-Werkes und persönlicher Freund von Harley Earl. ■

Einen Ausblick auf die automobile Zukunft, wie man sie sich bei General Motors vorstellte, gibt auch die La Espada (aus dem Spanischen: „das Schwert, der Degen") getaufte Studie aus dem Jahr 1954.

1954 Cadillac La Espada

Optisch ähnelte der Caddy grundsätzlich dem ebenfalls in diesem Jahr gezeigten Concept Car El Camino. Die kleinen, aber feinen Unterschiede umfassten zum Beispiel nachgebende, durch weißes Vinyl vor Beschädigungen geschützte Stoßstangen. Unterhalb des eigentlichen Kofferraumbodens befand sich ein Ersatzrad, an das man über eine Art Klappe in der verchromten Heckstoßstange gelangte. Ebenfalls ähnlich versteckt war der Tankdeckel – er verbarg sich hinter der linken Heckflosse.

Das zweisitzige Cabriolet mit seiner Fiberglas-Karosserie basierte auf einem Radstand von 2,92 Metern, war 5,10 Meter lang und wurde von einem 230 PS starken Achtzylinder angetrieben. ■

1954 Cadillac Park Avenue

Der Park Avenue diente als eine Art Vorgeschmack auf den zum Modelljahr 1957 als Serienvariante eingeführten Eldorado Brougham. Die lange, fließende Karosserie war in eine Zweifarblackierung gehüllt und begeisterte Cadillac-typisch durch reichlich Chrom und viel Luxus. ■

1954 Cadillac El Camino

Zunächst muss den vielen Annahmen, General Motors habe die Bezeichnung „El Camino" als Erstes im Rahmen eines Chevrolet-Serienmodells von 1959 genutzt, an dieser Stelle widersprochen werden. Denn bereits auf der Motorama 1954 zeigte man den Cadillac El Camino, ein windschnittiges Coupé für zwei Passagiere mit Fiberglas-Karosserie und Aluminium-Dach. Seinen Namen verdankt das silberne Konzept laut GM dem „El Camino Real", dem größten Highway Mexikos.

Das Interieur wartete mit zwei Sitzen auf, die optisch an einen Einsatz in Flugzeugen erinnerten, und deren Kopfstützen fließend in Richtung Heckscheibe designt waren. Das Armaturenbrett mit seinen ebenfalls vom Flugzeugbau inspirierten Instrumenten (identisch mit denen aus dem La-Espada-Konzept) war in Leder gehüllt, zudem waren Teile wie Lenksäule oder Hupenknopf verchromt oder aus Aluminium gefertigt.

Angetrieben wurde der 5,10 Meter lange und lediglich 1,31 Meter hohe Caddy von einem 230 PS starken V8 mit 5,4 Litern Hubraum. ■

El Camino
CADILLAC

1955 Cadillac La Salle II

Der La Salle II trat gleich in zweifacher Form auf der GM Motorama im Jahr 1955 in Erscheinung. Cabriolet und Coupé waren sportlich ausgelegte Zweisitzer mit einer extravaganten Front voller senkrechter „Chrom-Zähne" und von einem 2,5 Liter großen Sechszylinder angetrieben.

Beide Fahrzeuge hätten die Wiederkehr der zwischen 1927 und 1940 existenten Marke La Salle bedeuten können, blieben letztlich jedoch nur verträumte Show Cars. ■

1955 CADILLAC ELDORADO BROUGHAM

Das Eldorado Brougham Show Car von 1955 bestach nicht nur durch seine strahlende chamäleongrüne Außenhaut, sondern war vor allem eine Anhäufung technischer Exklusivitäten. Luftfederung und Klimaanlage verwöhnten ebenso wie der elektrisch öffnende und schließende Kofferraumdeckel oder die Vordersitze mit Memory-Funktion, die die Position des Fahrers „im Gedächtnis" behielten. ■

1956 Cadillac Eldorado Brougham Town Car

Im Jahr 1956 tourte die GM Motorama durch die US-Städte Boston, Los Angeles, Miami, New York und San Francisco. Mehr als zwei Millionen Menschen ließen sich vom Design der Fahrzeugstudien berauschen und konnten unter anderem die Town Car-Variante des 1956er Cadillac Eldorado Brougham mit ihrem offenen Fahrerbereich bewundern. ■

1959 CADILLAC CYCLONE

Seinen Erstauftritt hatte der ebenfalls durch das damalige Flugzeugdesign beeinflusste Cyclone im Februar 1959 auf der Rennstrecke in Daytona Beach, Florida. Das wohl bemerkenswerteste Highlight des Concept Cars dürfte die Radar-Technologie gewesen sein, mit der die Passagiere unter anderem über den Abstand zum vorherfahrenden Fahrzeug unterrichtet wurden. Zudem konnte das Konzept ein in die Straße eingelassenes Kabel orten und ihm so ohne Lenkeinsatz folgen. Auch der aus dem 1951er Buick LeSabre bekannte Sensor kam im Cyclone zum Einsatz, durch den sich das einteilige Dach rechtzeitig vor einem festen Regenguss schloss.

Der Wagen besaß vier wegklappbare Scheinwerfer, die Türen öffneten auf Knopfdruck und ließen sich nach hinten wegschieben. Im Gegensatz zu anderen Konzepten war der Cyclone aus Stahl gefertigt, verfügte über einen Radstand von 2,64 Metern, war rund 5 Meter lang und gerade einmal 1,12 Meter hoch. Gefedert wurde er über Luftbälge. Unter der Haube versah ein 6,4 Liter großer Cadillac-Motor seinen Dienst mit 325 PS, die über eine Dreistufen-Automatik an die Hinterachse weitergeleitet wurden.

Im Laufe der Monate nach seiner Präsentation erfuhr das Concept Car mehrere Überarbeitungen. Zum einen wurden die „General Motors Air Transport"-Logos von den hinteren Kotflügeln gegen „Cyclone"-Schriftzüge ersetzt. Des Weiteren wurden rund ein Jahr später die Heckflossen drastisch eingekürzt, die Felgen ausgetauscht und die Rückleuchten versetzt. Auch die oft Probleme bereitende Luftfederung wurde irgendwann durch konventionelle Schraubenfedern ersetzt. Besitzer von Cadillac-Serienmodellen der Modelljahre 1959 oder 60 taten es den Verantwortlichen oft nach, weil sie ebenfalls keine Lust mehr auf die zwar innovative, aber leider anfällige Technik hatten. ■

1966 Cadillac Eldorado XP-825

Mit dem intern XP-825 getauften Cadillac-Konzept und seiner prägnant gezeichneten Coupé-Karosserie gab General Motors einen Ausblick auf das Design des Eldorado-Serienmodells für das darauffolgende Jahr 1967. ■

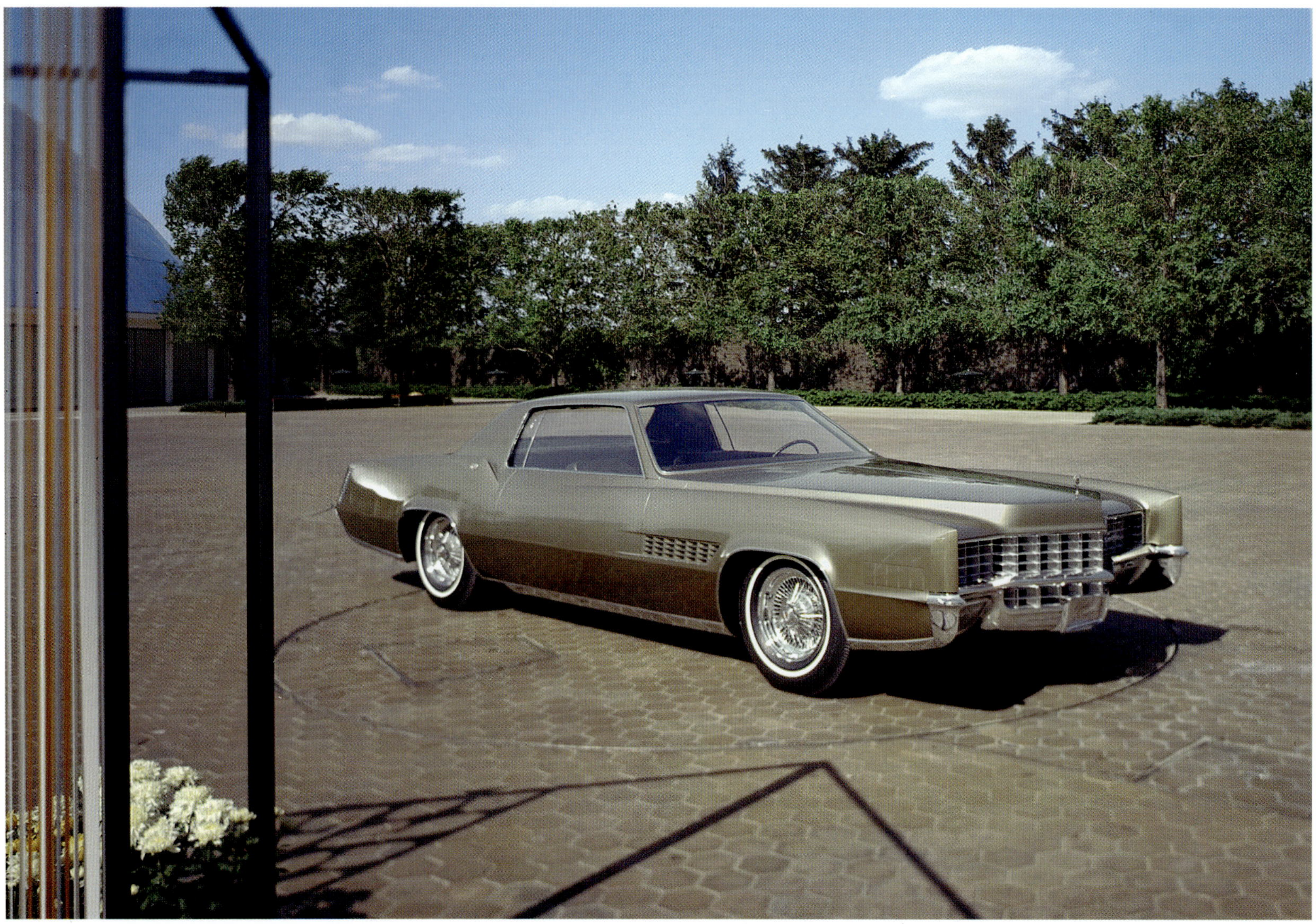

1971 Cadillac Eldorado Shooting Brake

Auf Basis eines zweitürigen Hardtop-Sportcoupés aus der damaligen Top-of-the-Line-Serie Fleetwood-Eldorado entstand im Hause Cadillac dieser Shooting Brake getaufte Kombi. Riesig in Stauraum und Gesamtgröße sollte diese Art zweitüriger Caddy-Kombi seitens GM allerdings nicht in Serie gehen, kleinere private Unternehmen nahmen sich auf Kundenwunsch aber ähnlicher Umbauten an. ■

1988 Cadillac Voyage

Der Entwurf einer Luxus-Limousine par excellence war das Voyage getaufte Cadillac-Konzept von 1988. Unter der stromlinienförmigen Karosserie verbarg sich ein intelligentes Allrad-Antriebssystem, das bei Schlupf an der Hinterachse die vorderen Räder zuschaltete und so einen optimalen Vortrieb gewährleistete. ABS-unterstützte Scheibenbremsen hinter den vier einzeln aufgehängten Rädern hielten den Cadillac im Zaum, orthopädische Sitze mit mehr als 20 Verstellmöglichkeiten, Speicherfunktion, Heizung und Massagefunktion für den Rückenbereich sollten das Reisen noch angenehmer gestalten. ■

Während das Cadillac Voyage-Konzept des Vorjahres als viertürige Limousine mit Achtzylinder-Antrieb entworfen worden war, präsentierte man mit dem Solitaire des Jahres 1989 einen in ähnlicher Designsprache gehalten, aber karosserietechnisch mit mehr Rundungen versehenen Zweitürer.

1989 Cadillac Solitaire

Unter der Motorhaube des Coupés arbeitete ein V-Motor mit zwölf Zylindern. ■

1999 Cadillac Evoq

Der Evoq (dessen Name vom englischen „to evoke“, was soviel bedeutet wie „heraufbeschwören“, wachrufen, Erinnerungen wecken, abgeleitet wurde) ist im Jahr 1999 Cadillacs erster Schritt zur neuen Marken-Philosophie „Art & Science“ – „Kunst & Wissenschaft“. Der Roadster mit seinem elektrisch versenkbaren Metall-Klappdach setzt in Sachen Design auf modern ausgeprägte Ecken und Kanten, will mit den vertikalen Front- und Heckleuchten oder dem spitz zulaufenden Kühlergrill aber auch an den Cadillac Eldorado der 1960er Jahre erinnern.

Das zweifarbig gehaltene Leder-Interieur begeistert durch Internet-, Telefon- und Navigationsmöglichkeiten auf zwei Bildschirmen, in den Türen versenkbare Rückfahrkameras, ein Nachtsichtgerät (projiziert das Fahrbahnbild auf den unteren Rand der Frontscheibe), Bose-Soundsystem und viele weitere luxuriöse Annehmlichkeiten.

Angetrieben wird der Evoq von einem kompressoraufgeladenen Northstar-V8 mit 4,2 Litern Hubraum, der 405 PS und 522 Newtonmeter Drehmoment entwickelt. Die Kraftübertragung an die Hinterachse gewährleistet eine Vierstufen-Automatik. 19 und 21 Zoll große Felgen stellen den Kontakt zur Straße her. Viele Details des Concept Cars Evoq flossen beim zum Modelljahr 2003 eingeführten Cadillac XLR in die Serienproduktion ein. ■

2W01332

INVESTMEN

2000 Cadillac Imaj

Das Imaj-Konzept erinnert in seinem Design an den Evoq Roadster, interpretiert seine Form jedoch als dynamisch und markant gezeichnete Luxus-Limousine. Dahinter verbirgt sich eine steife, aber gewichtssparende Spaceframe-Konstruktion aus Aluminium. Drei Videokameras ersetzen Außen- und Rückspiegel, Abstandswarner helfen beim Einparken – vorausgesetzt, man kann sich bei der „e-lock"-Fingerabdruck-Erkennung zum Betreten des Imaj auch richtig ausweisen. Internet und Telefon sind ebenso mit an Bord wie ein Navigationssystem und eine intelligente Alarmanlage mit Radar- und Ultraschallsensoren.

Angetrieben wird der auf 20"-Felgen rollende Imaj von einem kompressorgeladenen Achtzylinder mit 425 Pferdestärken und einer Fünfstufen-Automatik. ■

2001 Cadillac Vizón

Mit der Vizón getauften Studie kreierte General Motors eine Mischung aus zwei Fahrzeugwelten (SUV und Kombi) und sie ist zugleich das erste Concept Car mit Hybridantrieb, also kombiniertem Elektro- und Benzinmotor, aus dem Hause Cadillac.

Das Interieur gibt sich weitläufig und in edle Materialien gehüllt mitsamt DVD-Entertainment-System. Hilfreich zum Be- und Entladen ist das Kofferraumkonzept des Allradlers: Der Boden läßt sich auf Knopfdruck elektrisch anheben und nach außen, über die Ladekante hinaus, ausfahren. Das „Adaptive Cruise Control System“ überwacht den Verkehr vor dem Fahrzeug und regelt so Geschwindigkeit und Abstand zum Vorherfahrenden. Ein auf die Scheibe gespiegeltes Nachtsichtsystem entschärft die Dunkelheit, die „StabiliTrak“ getaufte Traktionskontrolle kümmert sich um die Bodenhaftung. Ebenso wie im Imaj entwarf auch im Vizón Luxusjuwelier Bvlgari die Instrumententafel, woran ein entsprechender Schriftzug erinnert. ■

2002 Cadillac Cien

Der rassige Cadillac Cien (spanisch für „Hundert") entstand getreu seines Namens aus Anlass des 100. Geburtstages der Marke Cadillac. Die Inspiration zum rasiermesserscharfen Design mit seinen Kanten und geometrischen Linien fand man nach eigener Auskunft im berühmten Tarnkappen-Flugzeug „Stealth". Unsichtbarkeit für das Radar hätte man sich bei einer abgeleiteten Serienvariante auch wünschen müssen, verrichtet unter dem Karbonkörper doch ein 7,5 Liter großer Zwölfzylinder in Mittelmotorbauweise mit 750 Pferdestärken (aber auch kraftstoffsparender Zylinderabschaltung) seinen Dienst.

Betreten wird der Cien über nach oben öffnende Flügeltüren, die „Rücksicht" gewährleisten Videokameras anstelle gewohnter Spiegel. Nachtsichtsystem, Einparkhilfe und Navigation sind ebenso mit an Bord wie Internetzugang und ein kraftvolles Audiosystem. Die rot abgesetzten Rückleuchten sollen Erinnerungen an die klassischen Caddy-Heckflossen vergangener Zeiten aufkommen lassen. ■

2003 Cadillac Sixteen

Der Cadillac Sixteen ist ein Fahrzeug der Superlative. Seinen Namen verdankt der Luxusliner vornehmlich dem unter den zweigeteilten, mittig angeschlagenen und zu den Seiten öffnenden Motorhauben verbauten Aggregat: 16 Zylinder mit 13,6 Litern Hubraum mobilisieren 1.000 PS und 1.356 Newtonmeter Drehmoment. Gehüllt wird dieser Antriebsriese in die wunderschön gezeichnete Aluminium-Karosserie eines High-End-Oberklasse-Wagens, bei dem im direkten Vergleich auch ein Maybach eine eher bescheidene Figur abgibt.

Die viertürige Limousine mit Coupé-Charakter ohne B-Säulen betört aus jedem Blickwinkel die Sinne, gibt sich dank langer Haube und kurzem Heck beinahe sportlich in ihrer Art. Ebenso beeindruckend sind die 24"-Felgen und das komplett aus Glas bestehende Dach, 16 Zoll große Scheibenbremsen verzögern die Masse des Cadillacs standesgemäß, LED-Scheinwerfer und -Rückleuchten sichern den Weg der Limousine.

Der Sixteen erinnert gelungen an die glorreiche Vergangenheit der Marke Cadillac, zudem ist er ein eindrucksvolles und fortschrittliches Statement für das Hier und Jetzt der Marke.

Natürlich setzt der Sixteen auch im Inneren auf höchste Qualität – feinste Hölzer, handgenähtes Leder, handgewebte Seidenteppiche, Bvlgari-Instrumente und vieles mehr lassen keine Wünsche offen. ■

MICHELIN

PROVOQ
FUEL CELL

2008 Cadillac Provoq

Nach dem Chevrolet Volt ist die Provoq getaufte SUV Studie die zweite „E-Flex"-Entwicklung aus dem Hause General Motors. Der schwarze Riese verfügt über gleich zwei Elektromotoren (einen für die Vorder-, den anderen für die Hinterachse), die ihre Kraft aus einer Lithium-Ionen-Batterie schöpfen, und einen Brennstoffzellenantrieb anstelle eines herkömmlichen Diesel- oder Benzin-Aggregates. Komplett ohne herkömmliche Kraftstoffnutzung erreicht der Provoq so laut seinen Schöpfern eine Reichweite von bis zu 483 Kilometern.

Das Auspuffrohr verlässt dabei ausnahmslos nichts anderes als Wasserdampf. Die Wasserstofftanks finden sich unter dem Kofferraumboden des umweltfreundlichen Cadillac-Konzeptes. Da die Verbrauchsoptimierung ebenso im Vordergrund der Entwickler stand, wurde der Unterboden vollständig verkleidet, auf den Leichtmetallfelgen drehen sich rollwiderstandsoptimierte Reifen.

Den Innenraum dominiert eine überzeugende Mischung als Leder, Aluminium und Chrom, ebenso mit an Bord ist ein umfangreich ausgestattetes Infotainment-System. Letzteres, aber auch der Rest der Bordelektronik, wird dabei durch die in das Dach integrierten Solarzellen gespeist, geladen werden können die Elektromotoren über Anschlüsse in den Kotflügeln. ■

Seine Weltpremiere erlebte das zweitürige Concept Car im Januar 2008 im Rahmen der North American International Auto Show in Detroit, Michigan. Der Sportwagen, überschwänglich aufgenommen von Medien und Besuchern, könnte in die Fußstapfen der erfolgreichen zweiten Generation der CTS-Serienlimousine treten, auf der die Studie auch basiert und die bereits zahlreiche Auszeichnungen, etwa als „Motor Trend Car of the Year", in Empfang nehmen durfte.

Bei identischem Radstand ist das Coupé jeweils 5 Zentimeter flacher und kürzer als sein viertüriges Pendant. Die Karosserie tritt aus jedem Blickwinkel markant in Erscheinung und greift die im Jahr 1999 mit dem Cadillac Evoq erstmals präsentierte „Art & Science"-Designsprache auf, ergänzt um die typischen Markenmerkmale wie etwa die vertikalen Rückleuchten.

„Das CTS Coupé Concept ist ein starkes Design-Statement", so Ed Welburn, seines Zeichens GM Vice President Global Design. „Wir haben weder in Bergen von Marktdaten gewühlt noch wollten wir mit Kundenbefragungen ein massenkompatibles Auto entwerfen – hier geht es um Emotionen auf vier Rädern und die Essenz dessen, was Cadillac heute ausmacht."

Die Mittelkonsole des 2+2-Sitzers läuft von vorne bis hinten durch und trennt so vier Einzelsitze voneinander. Die Studie rollt auf verchromten Leichtmetallrädern in 20 Zoll an der Vorder- und 21 Zoll an der Hinterachse. ■

Insbesondere im Hinblick auf die Energie- und Umweltbelastungsproblematik des Automobils präsentiert General Motors auf der Detroit Auto Show im Januar 2009 die Fahrzeugstudie Converj. Von GM Vice Chairman of Global Product Development Bob Lutz auf der Bühne als „Cadillac unter den Elektrofahrzeugen" angepriesen, ist der kantig gezeichnete Luxus-Zweitürer die Vision eines umweltfreundlichen und doch äußerst attraktiv designten Sportcoupés fürs neue Jahrtausend. „Für uns ist der Converj eine logische Konsequenz in unserem Plan zur Erneuerung des herkömmlichen Automobils", so Lutz in seiner Rede. „Das Concept zeigt deutlich, dass sich Umweltbewusstsein und anziehende Optik nicht ausschließen müssen."

Der Grand Tourer bietet Platz für vier Personen und verfügt unter der Karosserie über einen Elektroantrieb mit einer Reichweite von bis zu 40 Meilen bzw. 65 Kilometern, der seine Spannung in 220 Lithium-Ionen-Batterien speichert. Das Paket ist in das Chassis integriert und benötigt bei 240 Volt Spannung zur vollen Aufladung rund drei Stunden. Darüber hinaus tritt bei leerem Batteriezustand ein auch mit umweltfreundlichem E85-Ethanol zu betreibender Vierzylinder-Motorgenerator in Aktion, der das Nachladen der Batterien übernimmt und die Reichweite des Converj so auf mehrere Hundert Meilen erweitert. Mit seinen 120 Kilowatt und 370 Newtonmetern an Leistung erreicht das auf 21 und 22 Zoll großen Rädern stehende Elektro-Coupé eine Höchstgeschwindigkeit von rund 160 Stundenkilometern.

Im Glasdach der 4,62 Meter langen und 1,39 Meter flachen Studie finden sich integrierte Solarzellen, über die zusätzliche Energie gewonnen wird. Hinzu kommen diverse aerodynamische Optimierungen, die den Verbrauch des Coupés weiter senken sollen, wie etwa ein vollverkleideter Unterboden, minimalistische Belüftungsöffnungen im Bereich der Front oder Rückfahrkameras als Ersatz für die Außenspiegel.

Das Converj-Interieur dominieren Cadillac-typische luxuriöse Materialien aus weißem und schwarzem Velourleder, poliertem Aluminium und Holzintarsien. Lichtemittierende Dioden beleuchten die Instrumente, Touch-Screen-Navigation, Klimaanlage und ein Premium-Audiosystem sind ebenso mit an Bord. ■

2009 Cadillac Converj

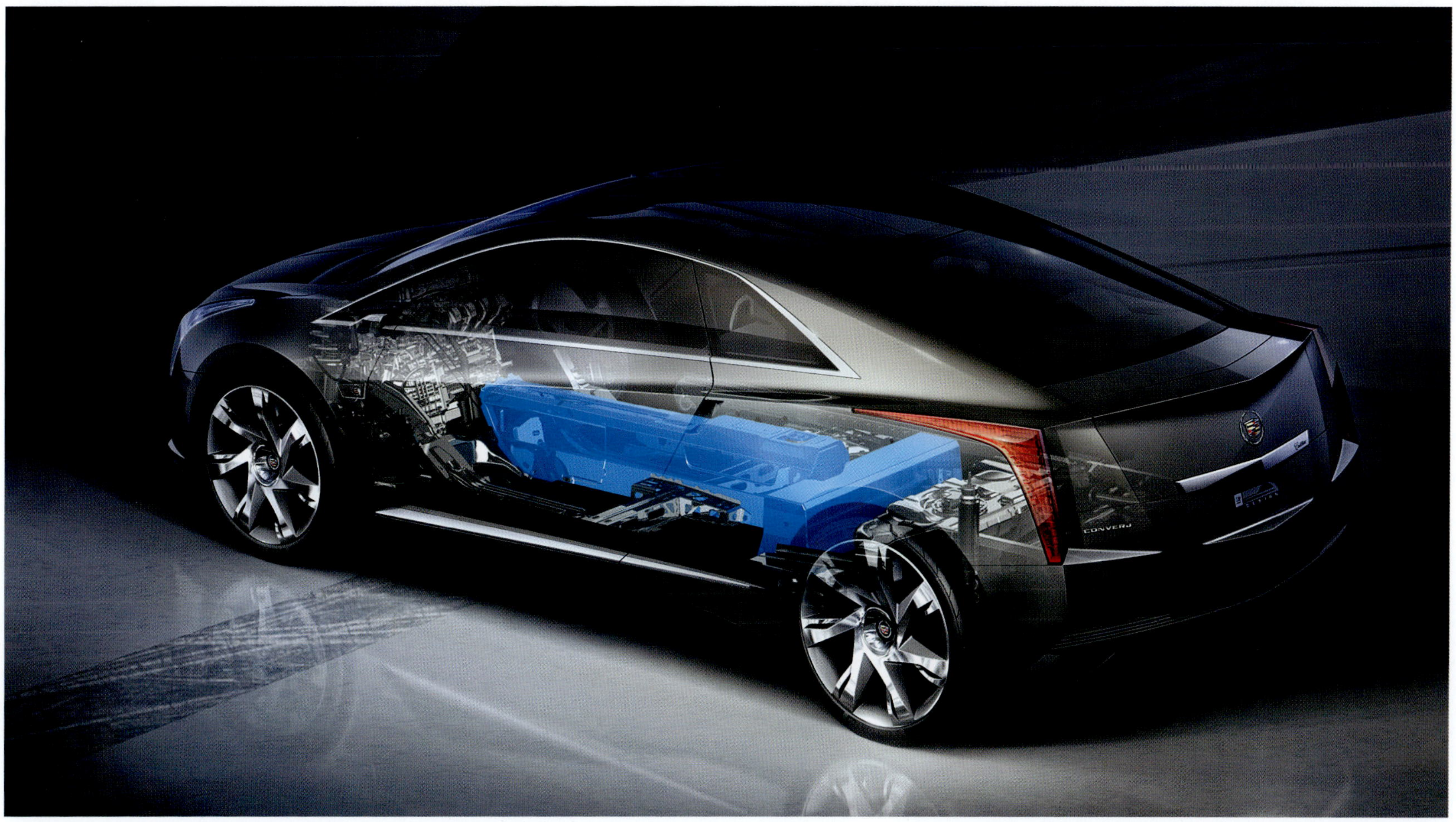

Chevrolet
1953 bis 2009

1953 Chevrolet Corvette Roadster

Erstmals im September 1951 beim Besuch des „Watkins Glen Sports Car Race" im Bundesstaat New York beschäftigt sich Chef-Designer Harley Earl damit, den dort vertretenen kleinen europäischen Straßen-Sportwagen (oftmals ein Mitbringsel der im Zweiten Weltkrieg in Europa stationierten Soldaten) ein amerikanisches Pendant entgegenzusetzen. Nachdem Earl auf einer Messe einen Geländewagen mit Fiberglas-Karosserie entdeckt, beginnt er, sich auch für eine mögliche Verwendung des Werkstoffes bei der Realisierung „seines" Sportwagens zu interessieren.

Nach einem Tonmodell in verkleinertem Maßstab wird Anfang 1952 das zweisitzige Projekt in Lebensgröße umgesetzt. Der neue Chef-Ingenieur von Chevrolet, Edward Cole, ist begeistert vom Entwurf und signalisiert seine vollste Unterstützung.

Flugs steht der Plan: Für die Motorama des Jahres 1953 werden unter der hausinternen Bezeichnung „Opel Sports Car" zwei Fiberglas-Roadster entwickelt; einer zu Präsentationszwecken, der andere für Entwicklungstests.

Nach rund 1.500 Namensvorschlägen für die Studie fiel die Wahl auf Corvette (ein kleines und wendiges Kriegsschiff aus dem Zweiten Weltkrieg), wahrscheinlich vorgeschlagen von Myron Scott, einem Angestellten von Chevrolets Werbeagentur Campbell-Ewald.

Nach rund 60.000 US-Dollar Projekteinsatz erblickt eine weiße Corvette mit rotem Interieur, 3,8 Liter großem Reihen-Sechszylinder und Zweistufen-Automatik am 16. Januar 1953 im Rahmen der Motorama im New Yorker Hotel Waldorf Astoria das Licht der Öffentlichkeit. Letztere feiert den kompakten Chevy frenetisch, sodass bald darauf eine Serienproduktion beschlossene Sache ist. Noch im gleichen Jahr entstehen insgesamt 300 Einheiten der Corvette, die erste rollt am 30. Juni 1953 aus dem Werk in Flint, Michigan. ■

1954 Chevrolet Nomad, Corvair & Coupé

Welche Variationsmöglichkeiten sich hinter der von der Kundschaft bald gut angenommenen ersten Corvette-Generation der Jahre 1954 bis 62 verbergen sollten, entdeckte General Motors sehr früh. Bereits 1954, ein Jahr nach der Präsentation der Ur-Corvette, zeigte man auf der Motorama auf Basis der Corvette nicht nur eine Fließheck-Studie mit dem Namen Corvair und eine Coupé-Variante, sondern ebenso einen Nomad getauften Kompakt-Kombi.

Letzterer mit seinen lediglich zwei Türen sollte aufgrund der überschwenglichen Publikumsresonanz ein Jahr später als Serienmodell – allerdings auf Basis der größeren Pkw-Serie – zu kaufen sein. Der Name Corvair tauchte erst sechs Jahre später wieder auf – als Kompaktwagen mit Heckmotor. ■

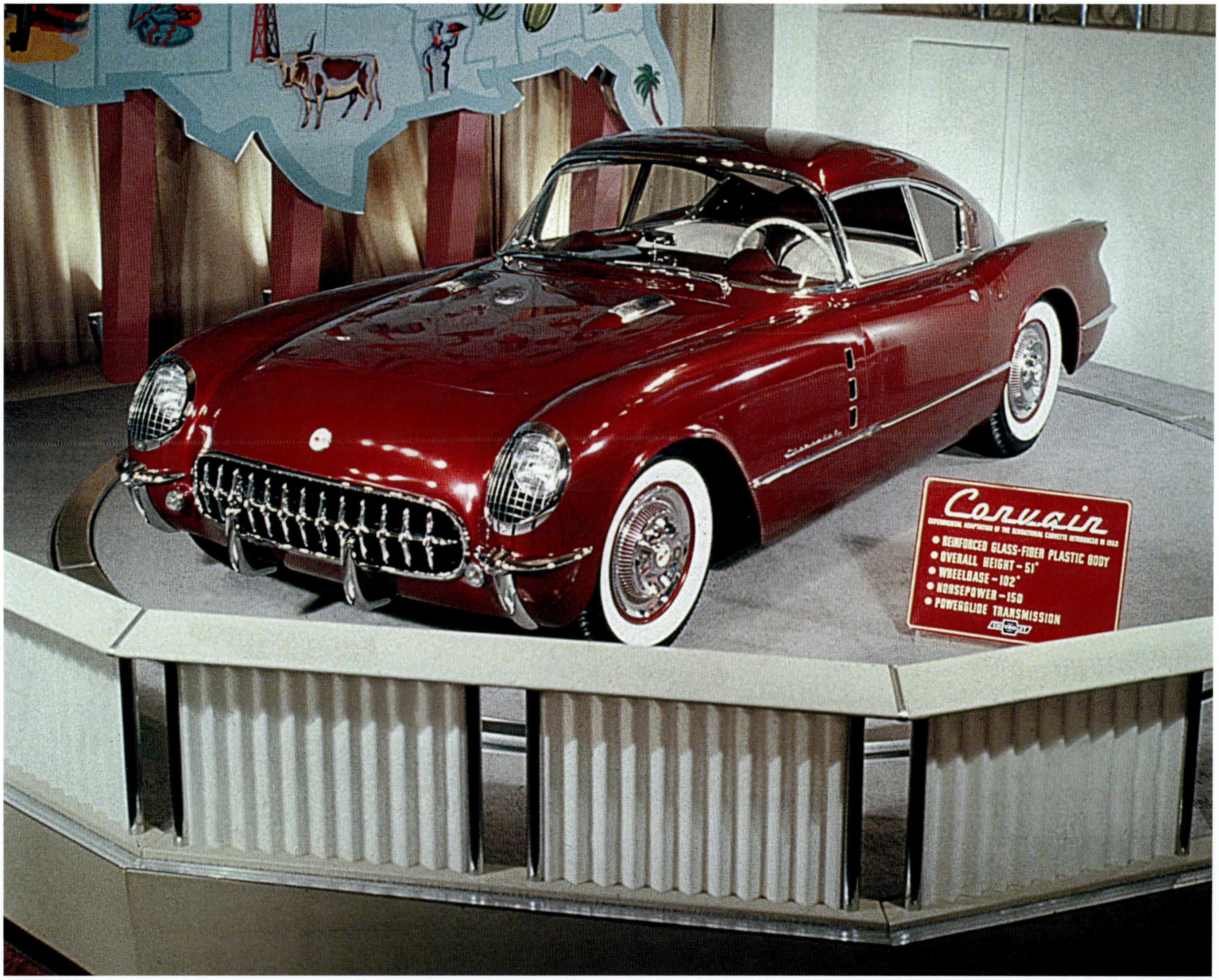

Speziell für die Sportwagenrennen auf dem Race Track im amerikanischen Sebring entstanden auf Basis von Serien-Corvetten des Modelljahres 1956 drei puristische Sportwagen, entwickelt unter der Abkürzung SR-2 (SR als Abkürzung für „Sebring Racer" oder „Sports Racing").

1956 Chevrolet Corvette SR-2

Den eigentlichen Auslöser für dieses Projekt bildete Jerry Earl, der Sohn von GM-Styling-Chef Harley Earl. Er hatte seinem Vater davon berichtet, mit seinem Renn-Ferrari in Sebring anzutreten. Harley allerdings wollte dies nicht akzeptieren und gab stattdessen eine Corvette für das Event in Auftrag.

Und so kam es, dass der damals 26-jährige Jerry die allererste von General Motors gesponserte Corvette im Renneinsatz nutzen konnte. Die SR-2 des Jahres 1956 besaß zwei kleine einzelne Windschutzscheiben, funktionierende seitliche Lufteinlässe vor den Hinterrädern, eine zentrale Heckflosse und spitze Abdeckungen über den Scheinwerfern, die die Aerodynamik verbesserten. ■

1957 Chevrolet Corvette SS

Die Corvette SS (SS für „Super Sport") war ein Rennwagen der Superlative. Vornehmlich vom gebürtigen Belgier und damaligen Director of High Performance Vehicle Design & Development bei Chevrolet Zora Arkus Duntov als Einsatzauto für die „12 Stunden von Sebring" und die „24 Stunden von Le Mans" erdacht, beeindruckte die Corvette SS durch eine extrem leichte (rund 840 Kilogramm) und strömungsgünstige Magnesium-Karosserie mit vielerlei Hightech darunter. Angetrieben wurde sie von einem V8 mit Fuel-Injection und fast 310 PS unter der nach vorne aufklappbaren Front.

Leider hatte der Rennwagen bei seiner Jungfernfahrt in Sebring mit Aufhängungsproblemen zu kämpfen, sodass er nach lediglich 23 Runden die Boxen anfahren und das Event beenden musste. Die schnellste mit dem Supersportler gefahrene Geschwindigkeit betrug knapp 295 km/h. Doch kaum begonnen, stellte sich ein großes Problem für die GM-Verantwortlichen: Die „Automobile Manufacturers Association" sprach plötzlich ihr Missfallen gegen werksunterstützte Fahrzeuge aus, sodass das Projekt Corvette SS schließlich auf unbestimmte Zeit eingefroren (und nie wieder reaktiviert) wurde. ■

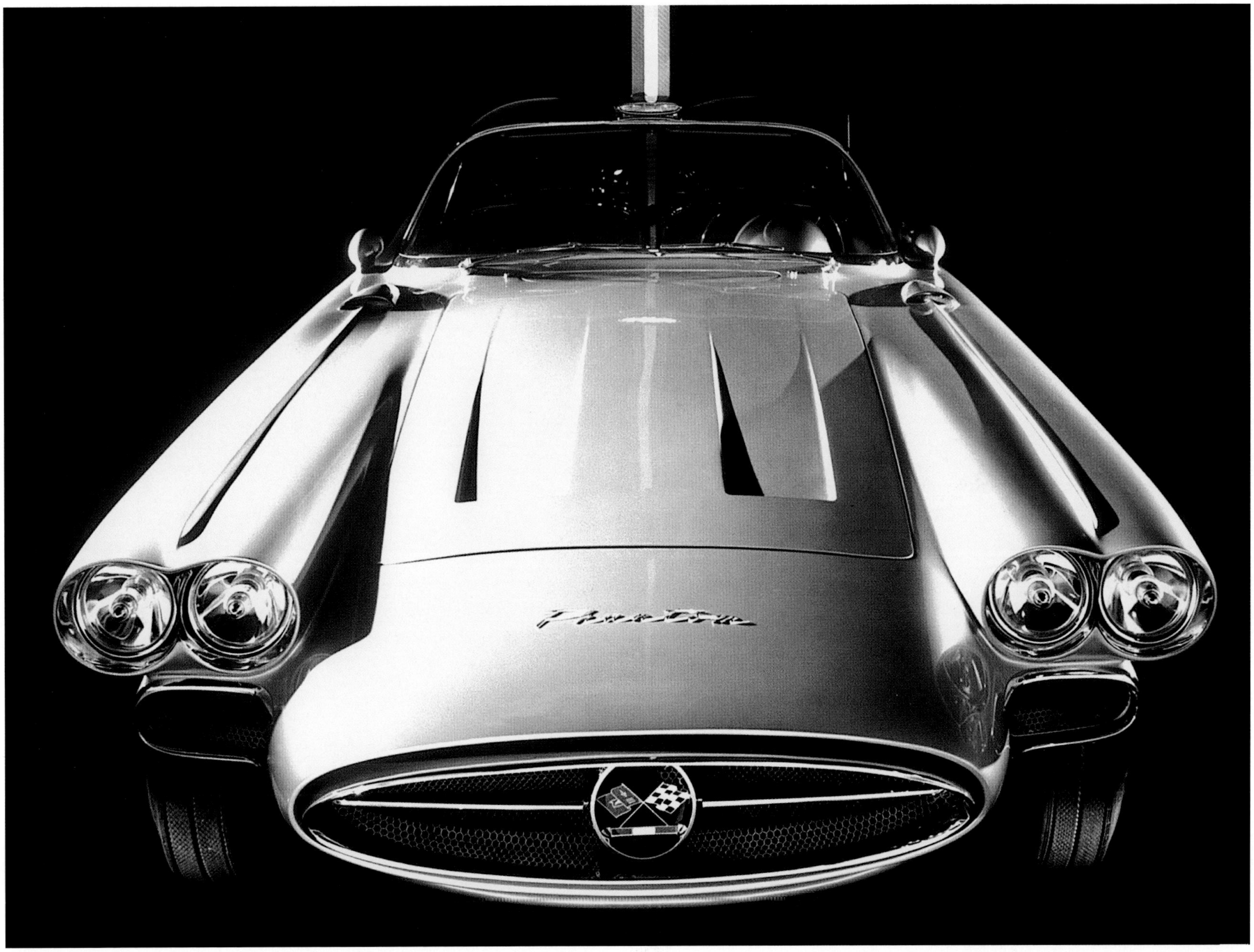

1958 CHEVROLET CORVETTE XP-700

Unter dem Fiberglas-Body des extravagant unter Aufsicht von William „Bill" Mitchell designten XP-700 steckte entgegen vieler Erwartungen eine große Anzahl von Serien-Corvette-Komponenten, etwa Rahmen, Antriebsaggregat oder die Aufhängung.

Die Front besaß einen riesigen Kühlergrill und gleich drei große Lufteinlässe, einen unterhalb des Grills und zwei unter den Doppelscheinwerfern.

Das doppelt gewölbte Kunststoffdach besaß eine mittige Öffnung zur Belüftung der Kabine, der Rückspiegel war in (!) der Decke platziert und konnte durch ein Loch im Dach betrachtet werden. Das Heckdesign der XP-700 beeinflusste den Look der zweiten Serien-Corvette-Generation. ■

Nachdem General Motors sich im Jahr 1958 aus dem Werkswagen-Rennsport zurückgezogen hatte, beschloss Bill Mitchell (der damalige GM Vice President of Styling), seinerseits am Rennsportgeschehen teilzunehmen. Beim zusammen mit Designer Larry Shinoda kreierten Sting Ray Racer diente ein ehemaliger Prototyp für den Chevrolet-Werksrennsporteinsatz als Basis, mit dem GM einst eine Teilnahme an den „24 Stunden von Le Mans" angedacht hatte. Nachdem die „Automobile Manufacturer's Association" aber Werksrennwagen von der Teilnahme ausgeschlossen hatte, verschwand der Projektansatz wieder in den GM-Hallen.

Der Sting Ray Racer bediente sich eines Radstandes von 2.337 Millimetern und wurde von einem 4,6 Liter großen V8 angetrieben, der eine Leistung von 315 Pferdestärken entwickelte.

Nach einigen Renneinsätzen in den Jahren 1959 und 1960 ließ Mitchell den Rennwagen leicht modifizieren und einen Beifahrersitz einbauen, um ihn danach in seiner Freizeit, auch auf der Straße, fahren zu können.

Das Design des Sting Ray Racer beeinflusste die Optik der zweiten Corvette-Generation (1963 bis 67) maßgeblich, ein Corvette-Logo suchte man im Renneinsatz aufgrund der Tatsache, dass GM nicht als Werksteam agieren durfte, auf dem Body allerdings vergeblich. ■

1959 Chevrolet Sting Ray Racer

1961 CHEVROLET CORVETTE MAKO SHARK I

Um die Ideenfindung zum zunächst Corvette Shark genannten Show Car ranken sich die unterhaltsamsten Gerüchte. Eines besagt, dass Kreativkopf William Mitchell seine Inspiration während des Hochseefischens nach dem Fangen eines Hais gefunden haben soll. Und tatsächlich brachte Mako Shark I mit dem Bild eines echten Haies im Hinterkopf durchaus eine gewisse Ähnlichkeit mit sich: der kraftvolle Auftritt, ein großes spitzes Maul, Kiemen und natürlich seine Lackierung in Blau-Grau und Silber-Weiß. Gelungen war auch die an den Seiten hinter den Türen endende voluminöse Auspuffanlage („Sidepipes").

Ein Großteil des Mako Shark I-Designs floss in die zweite Generation der Serien-Corvette ein. ■

1962 Chevrolet Corvair Monza SS Roadster

Hinter den Buchstaben SS verbarg sich die offene Variante des Monza GT Coupé. Der Roadster greift die Designlinie seines Bruders auf, begeistert im Unterschied zum Coupé allerdings durch den luftig konzipierten Fahrgastraum, in dem die tief sitzenden Passagiere lediglich hinter kurzen Front- und Seitenscheiben vor den wütenden Windmassen Schutz fanden.

Wie der Monza GT entstand der SS auf einem Radstand von 2.337 Millimetern (40 Zentimeter kürzer als die Corvair-Serienvariante), Motor und Getriebe platzierte man in Transaxle-Bauweise im Heck. Im Innenraum des SS fand sich eine Armada aus Instrumenten, unter anderem ein 160 mph- bzw. 260 km/h-Tachometer und Anzeigen für Batteriespannung, Öltemperatur und -druck. Ein kleines „Fasten Seat Belts"-Schild erinnert ans Anschnallen. ■

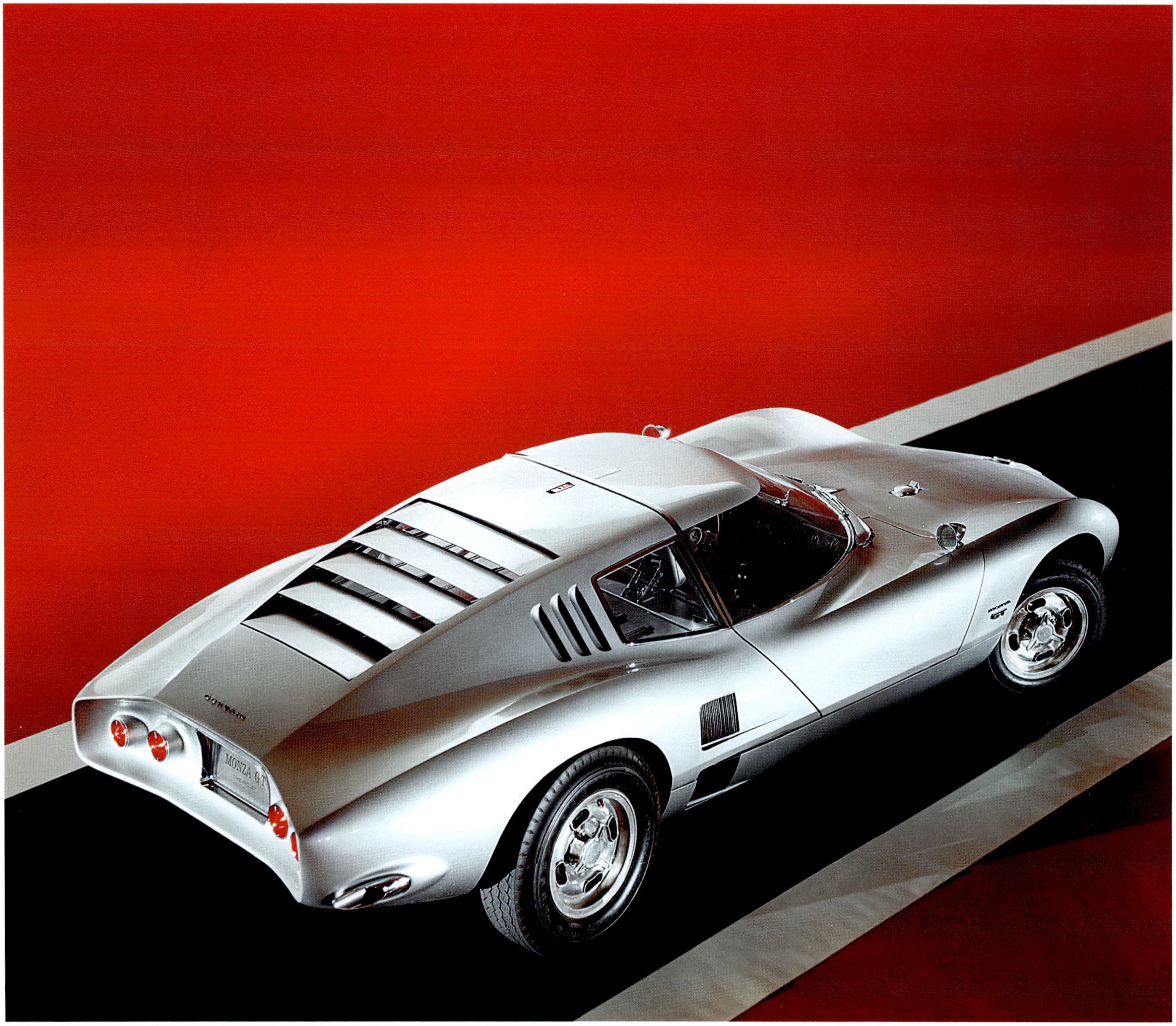

1962 Chevrolet Corvair Monza GT Coupé

Auf Basis des Chevy-Serienmodells Corvair mit seinem Heckmotor schuf der damalige Chef des GM-Design-Bereiches William „Bill" Mitchell die Monza GT Coupé getaufte Studie. Der nach der berühmten italienischen Rennstrecke benannte Wagen besaß eine flache Fiberglas-Karosserie mit extrem gebogener Frontscheibe, wobei die beiden Insassen durch letztere sehr dicht beeinandersitzen mussten. Zugang zum Monza GT Coupé erhielt man, indem der gesamte vordere Teil der Passagierkabine (Dach, Frontscheibe, Türen) nach vorne hochgeklappt wurde. ■

1962 Chevrolet Corvair Super Spyder

Bei diesem Sportler mit dem werksinternen Kürzel XP-785 nutzten die Designer ein 1962er Corvair Cabriolet als Ausgangsbasis, allerdings mit einem gekürztem Radstand von 2.362 Millimetern. Der lediglich 4,34 Meter lange Super Spyder begeisterte durch eine extrem flache Windschutzscheibe und ebenso kleine Seitenscheiben, die Kopfstütze des Fahrers lief optisch gekonnt und aerodynamisch in Richtung Heck aus. Die Rückleuchten erinnerten an die 1961er und 62er Corvette-Modelle bzw. die darauffolgende zweite „Sting Ray"-Generation des Chevy-Sportlers. Leichtmetallfelgen mit Zentralverschluss unterstrichen die Sportlichkeit des kompressorgeladenen Super Spyder ebenso wie die in den Seitenteilen an den hinteren Kotflügeln austretenden sechs (!) Auspuffrohre. ■

1963 Chevrolet Corvette CERV II

Die Nummer 2 der „Chevrolet Engineering Research Vehicles" (kurz CERV) entstand in den Jahren 1962 und 63 ebenfalls unter der Federführung von Zora Arkus Duntov, zeigte Zoras Vorstellungen von einer Renn-Corvette und war das weltweit erste Mittelmotorkonzept mit Allradantrieb.

Wahrlich steckten unter der Haut des CERV II perfekte Zutaten für einen Renneinsatz: ein Monocoque-Chassis mit Stahl-Hilfsrahmen, ein 377 cubic inch bzw. rund 6,2 Liter großer Aluminium-V8 mit Hilborn-Kraftstoffeinspritzung und 500 PS Leistung. Das eigentliche Highlight des Concept Cars war allerdings der verbaute Antrieb, der die Kraft geschwindigkeitsabhängig an alle vier Räder weiterleitete. Je nach Getriebeübersetzung durchbrach der Rennwagen so bereits nach knapp 2,5 Sekunden die 100 km/h-Schallmauer und erreichte Höchstgeschwindigkeiten von bis zu 340 Stundenkilometern. Scheibenbremsen und Einzelradaufhängungen mit Schraubenfedern und Armstrong-Stoßdämpfern kamen an beiden Achsen zum Einsatz, ebenso Kelsey-Hayes-15"-Felgen aus Magnesium mit Firestone-Prototypenreifen.

Leider entschieden die GM-Verantwortlichen kurz nach der Präsentation des CERV II auf dem Milford Test Track im März 1964, die Weiterentwicklung des möglichen LeMans-Rennwagens aus dem eigenen Hause bis auf Weiteres einzufrieren. ■

1964 Chevrolet Chevy II Super Nova Shark

Auf Basis des Chevy II-Serienmodells entstand für das Präsentationsjahr 1964 die Studie Super Nova Shark. Die „Fire Frost"-farbene Fiberglas-Karosserie besitzt eine rund 15 Zentimeter längere Motorhaube als ihre Ausgangsbasis, einen tief liegenden Kühlergrill mit vertikal montierten Scheinwerfern und ein kurzes Heck mit breiten B-Säulen und nach innen versetzter Scheibe. Zwei große Auspuffrohre endeten bündig zu beiden Seiten der Kennzeichenaussparung. Die fließende Seitenlinie verzichtete auf Türgriffe, öffnen ließ sich der Prototyp über einen Schalter, der sich in den Chromleisten der Fenster verbarg. Auch Stoßstangen suchte man am Super Nova vergeblich.

Nicht wenige Betrachter sahen im Super Nova eine kleinere Interpretation des im Modelljahr zuvor erstmals präsentierten Buick Riviera, der mit seinem europäischen Styling sehr gut bei den Kunden ankam.

Im Interieur schienen drei große Rundinstrumente (160 mph-Tachometer, 8.000 U/min-Drehzahlmesser und ein „Elometer", mit dem die zurückgelegte Zeit auf einem bestimmten Streckenabschnitt abgelesen werden konnte) vor dem Fahrer zu schweben, weitere Motordaten ließen sich in der Mittelkonsole ablesen. Der Blinkerhebel war fest und quasi unsichtbar hinter dem Lenkrad installiert. ■

1965 Chevrolet Corvette Mako Shark II

Das Mako Shark II getaufte Show Car nahm das Design der dritten und zugleich am längsten gefertigten Corvette-Generation (zwischen 1968 und 1982) vorweg. Auch hier hatte William „Bill" Mitchell seine Finger im Spiel, weshalb es sich der Design-Verantwortliche auch nicht nehmen ließ, „sein" Produkt beinahe tagtäglich selbst zu fahren.

Die Lackierung der Studie mit ihren ausgeprägten Kotflügeln und dem verführerischen Hüftschwung orientierte sich am ersten Mako Shark des Jahres 1963 und war – in Anlehnung an den Hai aus dem Tierreich – in blau-graue und silber-weiße Farbtöne gehüllt.

Eigentlich entstanden zwei Mako Shark II, doch nur ein Exemplar war als fahrbares und funktionstüchtiges Konzept konzipiert worden. Als Antrieb diente ein 7 Liter großer V8.

Im Jahr 1968 holte das Team die Corvette erneut zurück ins Design-Studio, nahm Änderungen daran vor und zeigte sie als Manta Ray erneut. ■

1966 Chevrolet Caribe Convertible Sedan

Dieses Show Car entstand auf Serienmodell-Basis einer viertürigen Chevrolet Impala Limousine, die man von ihrem Dach befreite. Platz bot der Caribe für sechs Passagiere (drei vorne, drei hinten), insbesondere dank eines Einsatzes zwischen den beiden vorderen Einzelsitzen. Das Stoffdach des Cabriolets verschwand elektrisch unter einer soliden Klappe hinter den Rücksitzen.

Interessant: Bei den auf den ersten Blick echt wirkenden Speichenfelgen handelte es sich in Wirklichkeit um Radkappen. ■

1966 Chevrolet Electrovair II

Bereits in den 1960er Jahren machte sich General Motors daran, alternative Antriebsquellen zu den Benzinmotoren zu finden. Ein Beispiel dafür war der Electrovair II des Jahres 1966, dessen Kofferraum voller Batterien saß, die für Vortrieb sorgten. ■

1967 Chevrolet Astro I

Die knallrote Fließheckstudie war der Showstar des Jahres 1967 und nicht einmal einen Meter hoch. Besteigen ließ sich der Astro I durch das Hochklappen des gesamten hinteren Karosseriebereiches, der in einem Stück bis in die Seite des Wagens hinein verlief. Gelenkt wurde anstelle eines regulären Lenkrades über einen aus dem Flugzeugbau bekannten Steuerknüppel. ■

1968 Chevrolet Astro II

Mit dem Projektnamen XP-880 fächerte General Motors weiter Gerüchte an, in naher Zukunft einen Mittelmotor-Sportler unter dem Markennamen Chevrolet zu kreieren. Als offizielle Weiterentwicklung des Vorjahresprojektes Astro I war der Astro II ebenfalls auf Corvair-Basis entstanden und verfügte über konventionell öffnende Türen und einen Corvette-V8 als Antrieb, an den man durch Hochklappen des hinteren Fahrzeugteiles kam. ■

1968 Chevrolet Astro VETTE

Auf Basis eines 1968er Corvette Serien-Cabriolets entstand das AstroVette-Show Car. In seinem Design sollte das Konzept mit dem blauen Interieur Assoziationen mit den Hochgeschwindigkeits-Boliden der Salzsee-Rennen (etwa auf den Bonneville Salt Flats in Utah) wecken. Die seitlichen Klappen in den vorderen Kotflügeln waren nur auf der Karosserie angedeutet und nicht funktionsfähig. Unter der Haube versah ein von Chromteilen abgesehen serienmäßiger 7,0-Liter-V8 mit 400 PS seinen Dienst.

Wirklich gelungen schienen Presse und Publikum die Optik der AstroVette nicht gefunden zu haben, gaben ihr doch nicht wenige Spötter den Spitznamen „Moby Dick".

Im Modelljahr 1969 schuf General Motors drei AstroVette-Special Editions in humanerer Optik mit NASA-Logos und angedeuteten schwarzen Flügeln für die Raumfahrt-Crew der Apollo-12-Mission. Alle verfügten über das gleiche Antriebsaggregat und waren unter anderem durch spezielle Schriftzüge mit den Berufs- bzw. Einsatzbezeichnungen (etwa „LMP" = Lunar Module Pilot) voneinander zu unterscheiden. ■

1968 Chevrolet Corvette Manta Ray

Nach Mako Shark I und II zeigte Bill Mitchell mit dem Manta Ray (zu Deutsch: „Manta-Rochen") eine neue Interpretation des Themas Corvette und zugleich eine Mischung aus Adaptionen von den vorangegangenen Mako Sharks. Das flache Dach des Manta Ray war hinten angeschlagen und ließ sich bei Bedarf anheben, um den Einstieg zu erleichtern. Ausfahrende Klappen im Heck unterstützten bei Bremsmanövern die Verzögerung, die Stoßstangen waren abnehmbar konzipiert und die Scheinwerfer platzierte man gut sichtbar unter Plexiglasabdeckungen in der Front (variabel auch durch eine geschlossene Front ersetzbar). Die Formen des Concept Cars wirkten noch ausgeprägter und schärfer gezeichnet. Ein wahrer Blickfang war das Heck mit seiner Mini-Scheibe und der extravagant spitz zulaufenden, durchaus sportlichen Linienführung. Natürlich besaß auch der Manta Ray die Zweifarblackierung seiner Vorgänger. ■

1970 Chevrolet Corvette XP-882

Für die Fans der Corvette bot die New York Auto Show im April 1970 ein echtes Highlight – die Studie XP-882. Mit einem Mittelmotor ausgestattet besaß das Concept Car einen hubraumstarken V8, gehüllt in einen windschnittigen Körper aus Aluminium auf einer modernen Einzelradaufhängung rundum.

Dabei wäre der XP-882 beinahe nie in die Tat umgesetzt worden: Denn nach den ersten Konzept-Entwicklungsschritten ließ General Manager John DeLorean das Projekt ruhen, weil sich die Serien-Corvette aus Kostengründen des Camaro-Chassis bedienen sollte und man der Öffentlichkeit keine falschen Blicke in die Zukunft des Sportlers geben wollte. Als man jedoch von Fords Mittelmotor-Kooperation mit der italienischen Firma DeTomaso hörte, setzte man die Corvette schließlich doch für die New York Auto Show des Jahres 1970 um.

Aufgrund zu hoher Entwicklungskosten wurde der XP-882 nie bis zur Serienreife weiterentwickelt, selbst auf der Teststrecke kam das Corvette-Konzept letztlich nicht zum Einsatz. ■

1973 Chevrolet Corvette XP-898

Insbesondere die Front des XP-898 weckt bei nicht wenigen Betrachtern Assoziationen mit der vierten Corvette-Generation (1984 bis 1996). Dabei entstand die Fahrzeugstudie bereits für das Jahr 1973 und sollte lediglich dazu dienen, eine neue Sandwich-Bauweise für Fiberglas zu testen, mit der man an relevanten Karosseriepunkten das Material stärken (und so im Falle eines Unfalles sicherer gestalten) wollte. ■

1976 CHEVROLET AEROVETTE

Unter der Motorhaube der AeroVette sorgte ein regulärer Achtzylinder für Vortrieb. Den Zutritt in den Mittelmotor-Sportler ermöglichten „Gullwing"-Flügeltüren, die an das legendäre Mercedes 300SL Coupé erinnerten, allerdings im unteren Teil abknickten und so beim Öffnen weniger Umgebungsplatz benötigten. ■

Aero Vette

Das flache und auf den Namen Indy getaufte Corvette-Modell war von vorneherein nicht als mögliches Serienmodell konzipiert worden. Vielmehr diente der rote Supersportler für die GM-Ingenieure als Plattform zum praktischen Testen neuer technischer Innovationen, nachdem man in einer nicht fahrbaren Version zunächst einen neuen Indy-Rennmotor vorgestellt hatte.

Der Indy verfügte als fahrfertiges Hightech-Modell über Allradantrieb und Vierradlenkung, ein aktives, sich den Straßenverhältnissen anpassendes Fahrwerk und Traktionskontrolle, Antiblockiersystem, Digitalarmaturen, Navigationssystem und vieles mehr. ■

1986 Chevrolet Corvette Indy

1990 Chevrolet Corvette CERV III

Knapp vier Jahre nach dem optisch sehr ähnlichen Indy-Concept zeigte General Motors auf der Detroit International Auto Show den CERV III. Wie schon seine Vorgänger war auch dieser Sportwagen in Mittelmotor-Bauweise entstanden.

Die Karosserie des Concept Cars entstand aus Karbon, Kevlar, Aluminium und Nomex (Letzteres kommt heutzutage unter anderem bei den Schutzanzügen der Formel-1-Piloten zum Einsatz). Angetrieben wird der CERV III von einem 5,7 Liter großen V8, der dank umfangreicher technischer Eingriffe rund 650 PS entwickelt und den Rennwagen auf bis zu 360 km/h beschleunigen könnte. Insgesamt acht (!) Scheibenbremsen (zwei parallel nebeneinanderliegende pro Rad) übernehmen die Verzögerung des Projektes. Das per Computer kontrollierte Getriebe besteht aus einer Dreistufen-Automatik, wobei dank eines zusätzlichen speziellen und damit kombinierten Zweiganggetriebes insgesamt sechs Gänge zur Verfügung stehen. Die Kraft wird über eine Visco-Kupplung an alle vier Räder weitergeleitet. ■

1992 CHEVROLET CORVETTE STING RAY III

Der offene Zweisitzer debütierte auf der North American International Auto Show in Detroit, Michigan, und sollte als Sting Ray III einen Ausblick auf die fünfte Generation der Corvette (1997 bis 2004) geben. ■

Auf Basis eines serienmäßigen Chevrolet Vans entstand ein vollausgestattetes Servicemobil für den Charakter Tim „The Tool Man" Taylor, den Star der Fernsehserie „Home Improvement" (Deutscher Ausstrahlungsname: „Hör mal, wer da hämmert").

In „Home Improvement" mimt Schauspieler Tim Allen den Moderator der Heimwerkersendung „Tool Time", der zugleich mit dem Erwachsenwerden seiner drei Söhne und seiner Rolle als mitfühlender Ehemann zu kämpfen hat. Beim Heimwerken vor der Kamera steht ihm sein Assistent Al zur Seite, der sowohl verbal als auch körperlich regelmäßig mit Tims Ungeschicklichkeiten konfrontiert wird. Tims Nachbar Wilson leistet mit ganz besonderen Weisheiten Beistand, wenn der Moderator Lebensratschläge zu Frau, Job und Kindern benötigt. ■

1998 Chevrolet Tool Time Van

nomad

Das Amerika der 1950er Jahre war ein Land der Kombi-Liebhaber. Platz für die Familie gab es in den Viertürern mit dem großen Kofferraum schließlich genug. Doch was tun, wenn man auch eine gewisse Sportlichkeit liebte, ein zweiter Wagen in der Einfahrt aber finanziell unmöglich war? Genau in ebenjener Lücke trat der Nomad in Erscheinung – ein Chevy mit Kombi-Karosserie zwar, die sich allerdings durch diverse Designkniffe klar von den normalen Grocery-Getters unterschied. Der Nomad besaß lediglich zwei Türen, zudem wirkte er dank seiner stark nach vorne geneigten B-Säule und der riesigen Scheibenflächen dahinter (die C-Säulen hatte man in den Bereich der Heckscheibe gezogen) wie ein zweitüriges und somit optisch sportlicher auftretendes Hardtop; er gab sich als eine Art Sportkombi.

1999 Chevrolet Nomad

Das 1999 gezeigte Concept Car orientiert sich nicht nur zum Teil an ebenjenem heute begehrten Klassiker der Jahre 1955 bis 57, sondern vielmehr an der 1954 auf der Motorama präsentierten Kombi-Studie auf Basis der ersten Corvette-Generation. Der Neue begeistert nicht nur durch eine komplett unter der Ladefläche versenkbare Heckklappe, sondern ebenso durch ein nach vorne zusammenschiebbares Faltdach, wie es zum Beispiel die Marke Studebaker bei einigen ihrer Kombi-Serienmodellen bereits in den 1960er Jahren verwendet hatte.

Bei der Plattform bedienten sich die Designer beim 1999er Camaro-Serienmodell, allerdings mit Einzelradaufhängung rundum. Als Antrieb dient ein Achtzylinder-Aggregat. ■

1999 Chevrolet Tonka Truck

Ein wahrer Koloss für den etwas größeren Sandkasten ist dieser Chevy-Truck, der in Zusammenarbeit mit Spielzeughersteller Tonka in die Realität umgesetzt wurde. Dabei legten seine Entwickler großen Wert darauf, in vielerlei Hinsicht die „Mighty Toy"-Serie zu imitieren, die in den Kinderzimmern vieler Jungs zum wichtigsten Spielzeug gehörte. Der höhergelegte Tonka Truck rollt auf riesigen 44"-Reifen, an der Front sitzt eine massive Winde mit Haken. Wie beim kleinen Maßstab sind die Scheiben rundum tiefschwarz getönt, die Aufdrucke auf der orange-gelben Verlaufslackierung reflektieren. ■

Tonka
SILVERADO

CHEVROLET

Ungemach

Unter dem Stichwort „Crossover" (Deutsch: „Kreuzung") fassen die Hersteller gerne Fahrzeuge zusammen, die in ihrer Konzeption mehrere Fahrzeuggattungen miteinander vereinen. Im Falle des blauen Super Sport Roadster, kurz SSR getauften Concept Trucks sind es gleich drei: Sportwagen (kraftvoller Antrieb mit 6,0 Liter großem V8), Cabriolet (auf Knopfdruck versenkbares Metallklappdach) und Pick-up (elegant ausgekleidete Ladefläche mit Abdeckung).

2000 Chevrolet SSR

Nach seiner Präsentation im Jahr 2000 und einem erneuten Auftritt des Concept Trucks in gelber Lackierung im Jahr 2001 ging der SSR optisch nahezu unverändert zum Modelljahr 2003 in Serie. ■

2000 Chevrolet Bruin Fleetside

Mit dem Bruin, zu Deutsch „Meister Petz" (= Bär), zeigte General Motors auf der SEMA-Show („Specialty Equipment Market Association") des Jahres 2000 einen wahren Pick-up-Giganten: Angetrieben von einem 6,6 Liter großen Duramax-TurboDiesel-V8 (300 PS, 705 Newtonmeter Drehmoment) mit Fünfstufen-Automatik ist der Chevrolet-Truck ein knapp über acht Tonnen schwerer Koloss, mit dem GM einen Ausblick auf die damals neue Medium-Duty-Commercial-Plattform gab.

Anstelle der eigentlichen Scheinwerfer zog sich eine horizontale Chromleiste über den Kühlergrill, die echten Leuchten saßen weit unten in der Stoßstange. Die gesamte Front ließ sich nach vorne wegklappen und gab so einen optimalen Blick auf den Antriebsstrang frei.

Über den gefederten Sitzen lassen gleich zwei elektrische Webasto-Glasdächer die Sonne ein. Der riesige Tank des Bruin fasst rund 100 Gallonen bzw. 380 Liter Diesel-Kraftstoff. ■

2000 Chevrolet Silverado SS

Unter dem Motto „Corvette of the Trucks" zeigte Chevrolet während der SEMA-Show („Specialty Equipment Market Association", der weltweit größte Zusammenschluss von Automobil-Tuning-Firmen) in Las Vegas, Nevada, den Silverado SS. Hinter dem Show Car verbirgt sich ein „Ladeflächen-Lust-Laster" mit Doppelkabinen-Platz für fünf Personen, aber auch einer Menge sportlicher Gene; denn schließlich ist das SS-Kürzel („Super Sport") seit Jahrzehnten eine Verpflichtung für Performance und Fahrspaß bei der Marke Chevrolet.

Der auf 20 Zoll großen Aluminiumfelgen rollende Silverado kommt unter der Motorhaube mit einem 6,6 Liter großen V8 (basierend auf dem 5,7-Liter-Block der Corvette C5) und einem Sechsgang-Schaltgetriebe daher. Das Ergebnis sind satte 480 Pferdestärken und 644 Newtonmeter Drehmoment, die an beide Achsen weitergeleitet werden.

Sportsitze und Vierpunkt-Gurte im Interieur unterstreichen das Flair des Straßen-Renntrucks, der als 2003er Modelljahr ähnlich in Serienproduktion ging. ■

2001 Chevrolet Borrego

Der auf der Auto Show in Detroit gezeigte Borrego ist laut der Verantwortlichen ein Mix aus Baja-Sportler und Rallye-Car. Grobstollige 20"-Reifen und ein geländetaugliches Fahrwerk, dazu eine sportlich gezeichnete Karosserie mit kurzen Überhängen und großer, zum Innenraum zu öffnender Ladefläche – fertig ist der Spaßsportler für unbefestigte Straßen.

Der Name des Konzeptes lehnt sich an den Anza-Borrego Desert State Park in Kalifornien an, dessen wüstenähnliche Landschaft das perfekte Einsatzgebiet für den Chevy-Offroader wäre. ■

2002 Chevrolet Bel Air

Mit dem im Jahr 2002 gezeigten Konzept Bel Air erinnerte General Motors an die legendären und mehr als 4,6 Millionen Mal gefertigten Tri-Chevys der Modelljahre 1955 bis 57. Sie veränderten das Image der Marke Chevrolet über Nacht, wobei heutzutage insbesondere die Top-Serie Bel Air (weitere Serien waren One-Fifty und Two-Ten) in der Gunst der Sammler ganz oben steht. Die Karosserie des neuen Bel Air ist schnörkellos gezeichnet und greift auch den dezenten Hüftschwung seiner Vorgänger hinter den Türen auf. Wie damals versteckt sich die Tankklappe hinter einem Rücklicht.

Das elegante Interieurdesign ist klar an die Klassiker aus den Fifties angelehnt und begeistert unter anderem durch die charakteristische „gespiegelte Armatureneinheit" auf der Beifahrerseite, eine durchgehende Sitzbank und ein Lenkrad mit Hupenring aus Chrom.

Im Gegensatz zum damals optionalen Small-Block-V8 pflanzte man in die aktuelle Bel-Air-Studie einen 3,5 Liter großen Vortec-Reihen-Fünfzylinder aus Aluminium. Er leistet 315 PS und 427 Newtonmeter Drehmoment, die er über eine Vierstufen-Automatik an die hintere Antriebsachse weiterleitet.

Interessant: Auf Knopfdruck am Lenkrad lässt sich das Motormanagement von sparsam auf sportlich umschalten. ■

2003 Chevrolet SS

Ausgeprägte, muskulös und dynamisch gezeichnete Kurven machen das Konzept SS, dessen Buchstaben als Abkürzung für die legendäre Bezeichnung „Super Sport" stehen, zu einem gelungenen Hingucker. Die SS-Modelle kennzeichnen bei Chevrolet seit Jahrzehnten die sportlichsten Varianten im Produktportfolio.

Der SS ist als viertürige Limousine konzipiert, versteckt diese Eigenschaft allerdings gekonnt durch seine sportlich-flach gezeichnete Dachlinie, kurze Karosserie-Überhänge und ausgestellte Kotflügel, in denen sich 21 und 22 Zoll große Räder drehen. Das Fahrwerk verfügt vorne und hinten über eine Einzelradaufhängung mit härteverstellbaren Stoßdämpfern.

Leder wertet den zweifarbig gehaltenen Innenraum mit seinen sportlich konturierten Sitzen auf, die Gangwechsel erfolgen über Schaltwippen am Lenkrad. Bei Bedarf läßt sich die Rücksitzbank auch umklappen und bietet so Extra-Stauraum.

Ein Small-Block-V8 mit 6 Litern Hubraum entwickelt 430 PS und 583 Newtonmeter Drehmoment und leitet seine Kraft über eine Vierstufen-Automatik an die Hinterachse weiter. ■

2003 Chevrolet Cheyenne

Entgegen allgemeiner Trends setzt der Cheyenne nicht auf kantig gezeichnete Karosserieformen, sondern kommt stattdessen runder und weicher gezeichnet daher. Dennoch ist der Chevy insgesamt gesehen ein Full-Size-Truck, wie er im Buche steht: Alles wirkt maskulin und massiv und versprüht eine Wertigkeit, auf die sein Besitzer scheinbar auch im wüsten Arbeitseinsatz zählen könnte.

Der Cheyenne verfügt über eine Einzelradaufhängung rundum und mitlenkende Räder hinten, die den Wendekreis des Großen reduzieren. Die Kraft des 500 PS starken Vortec-V8 mit 6 Litern Hubraum wird über 22"-Felgen auf die Straße übertragen. Der Motor verfügt ebenso wie zum Beispiel der des Cadillac Sixteen über die „Displacement on Demand"-Technologie, bei der zur Reduzierung des Kraftstoffverbrauches gerade nicht benötigte Zylinder (etwa auf Autobahnfahrten mit gleich bleibender Geschwindigkeit) spontan abgeschaltet werden. Dies geschieht in Millisekunden und erfolgt für Fahrer oder Fahrerin unspürbar, ebenso wie die Reaktivierung der Zylinder.

Eine Doppelkabine mit vier vollwertigen Türen bietet ausreichend Platz für fünf Passagiere und begeistert durch Annehmlichkeiten wie Lederoberflächen und -sitze, ein Voll-Glasdach, Aluminium-Applikationen, Soundsystem, Klimaanlage und mehr.

Auf der großen Ladefläche finden auch sperrige Güter Platz, das Be- und Entladen erleichtern zwei innovative Türen an den Seiten links und rechts hinter der Kabine oder die zweiteilig zu öffnende Heckklappe. Die Ladefläche verfügt nicht nur über Licht, sondern auch über weitere Stauräume im Boden. ■

2004 Chevrolet Nomad

Auch der Name Nomad ist wie so viele andere aus der Historie von General Motors nicht wegzudenken. Nach Fahrzeugstudien in den Jahren 1954 und 1999 zeigte man im Jahr 2004 (genau 50 Jahre nach dem ersten Nomad-Konzept) die erneute moderne Interpretation eines zweitürigen Kombis. In diesem Fall basiert der kompakte Chevy auf der „Kappa" getauften Heckantriebs-Plattform, derer sich unter anderem auch das Serienmodell Pontiac Solstice und die Studie Saturn Curve bedienen, und begeistert auf seinen 2.718 Millimetern Radstand durch gelungene Retro-Elemente des einstigen Klassikers aus den 1950er Jahren.

Angetrieben wird der Nomad von einem 2,2 Liter großen Vierzylinder-Motor mit 250 PS und einer Fünfstufen-Automatik. ■

NOMAD

Einer der Werbesprüche zum zwischen 1967 und 2002 in vier Modell-Generationen gebauten Camaro lautete „Closest Thing to a Vette yet" – frei übersetzt bedeutete dies für alle Kunden, dass sie einen Wagen bewegten, der in Sachen Fahreigenschaften verdammt nah an den hauseigenen Sportwagen Corvette herankam. Auch das im Januar 2006 auf der Auto Show in Detroit, Michigan, gezeigte Concept (zunächst in Coupé-Form, ein Jahr später auch als Cabriolet) beeindruckte die Anwesenden mit einem potenten und 400 PS starken V8, den man passenderweise der Corvette C6 entliehen hatte.

Das Design des Camaro-Entwurfs lehnt sich deutlich an der ersten Generation (1967–1969) des einstigen Mustang-Konkurrenten an und weiß mit seiner langen Motorhaube und dem knackig-kurz gehaltenen Heck mit dem typischen Hüftschwung über den Hinterrädern zu gefallen. Die Front blickt böse drein und trägt das große Chevy-Bowtie zur Schau.

Erfreulicherweise greift auch die Serienversion für das Modelljahr 2010 unverwässert das sportive und verspielte Design der Studie auf, wie man anhand des Fotos der dunkelroten Serienversion (RS-Modell) auf diesen Seiten erkennen kann. ■

2006 & 2007 Chevrolet Camaro

2007 Chevrolet Beat, Groove und Trax

Gleich drei Minicar-Konzepte für den Weltmarkt präsentierte General Motors im April 2007 auf der New York International Auto Show. Als Zielgruppe sieht der Konzern hier die jüngere Käuferschicht, die trotz kompakter Wagenausmaße Wert legt auf ein dynamisch-sportliches Äußeres gepaart mit heutzutage gefragter Verbrauchsarmut.

Im Rahmen eines Internetvotings hatten die Kunden die Möglichkeit, sich bei einer der Studien für eine Serienfertigung auszusprechen. Die Wahl der beinahe zwei Millionen Teilnehmer fiel auf den knallgrünen Beat, der nun zukünftig als Production Car das Licht der Händler-Showrooms erblicken soll.

Alle drei Fahrzeuge wurden im GM Design Studio in Incheon, Südkorea, entworfen. ■

2007 Chevrolet Volt

Eine perfekte Mischung aus aufregendem Styling und Umweltfreundlichkeit zeigte Bob Lutz, seines Zeichens Vice Chairman Product Development und Chairman GM North America, auf der Detroit Auto Show 2007.

Der optisch an klassische Sportwagen wie den Camaro oder die Corvette erinnernde Volt steht auf eindrucksvollen 21"-Rädern, ist 4,30 Meter lang, 1,80 Meter breit und 1,33 Meter hoch. Die Studie besitzt ein transparentes Dach, LED-Scheinwerfer und ein ergonomisch perfekt auf die Insassen ausgerichtetes Interieur. Passive Lichteinheiten sorgen für Wohlgefühl und auch sonst lässt der Innenraum, etwa mit seiner Mischung aus analogen und dreidimensional ausgearbeiteten Displays, keine Wünsche offen.

Das eigentliche Highlight des Volt ist allerdings die Tatsache, dass das Concept Car in der Lage ist, mit dem eingebauten Elektromotor, aufgeladen an einer herkömmlichen Steckdose, rund 60 Kilometer vollkommen ohne fossilen Kraftstoff zurückzulegen. Bei leeren Batterien schaltet sich automatisch ein 1,0-Liter-Dreizylinder-Verbrennungsmotor mit Turbolader dazu, der neuen Strom für die Batterien produziert (und nicht die Räder antreibt; dies geschieht ausnahmslos über die Elektromotoren) bzw. bei einem Verbrauch von 4,7 Litern Kraftstoff auf 100 Kilometern die Reichweite auf bis zu 1.000 Kilometer erhöht.

Der Volt ist das erste auf Basis des neuen GM-„E-Flex-Systems" (verschiedene Antriebssysteme in einem gemeinsamen Chassis) entworfene Concept Car, das Serienmodell wurde bereits Mitte September 2008 vorgestellt und wird nach den Werksferien 2010 (als 2011er Modell) in den Verkauf gehen. Der Elektromotor leistet dann rund 150 PS und 370 Newtonmeter Drehmoment, über 160 km/h Höchstgeschwindigkeit sind im innovativen Chevy möglich. Der verbaute Verbrennungsmotor kann neben herkömmlichem Kraftstoff auch mit umweltfreundlichem E85-Ethanol gefüttert werden. ■

Gelungen: das im Jahr 2010 in den Handel kommende Serienmodell der Volt-Studie

2009 Chevrolet Orlando

Ebenso wie den Cadillac Converj zeigte General Motors auf der North American International Auto Show in Detroit im Januar 2009 auch das Orlando Show Car, welches seine Weltpremiere bereits auf dem Pariser Automobilsalon im Oktober 2008 erlebt hatte. Der Chevy soll als Crossover-Vehicle gekonnt die Vorzüge der Gattungen SUV, Kombi und Van miteinander kombinieren und so das perfekte Einsatzmobil für Familien sein. Zugleich aber interpretiert man auch mit dem auf der Plattform des Serienmodells Chevrolet Cruze basierenden Siebensitzer die gegenwärtige Designsprache in ein neues Fahrzeugsegment. „Der Orlando wird als Erweiterung der Chevy-Produktfamilie bereits zum Jahr 2011 in Serie gehen“, so Ed Peper, seines Zeichens Vice President bei Chevrolet für den Bereich Nordamerika. „Mit seinem gigantischen Platzangebot und dem ökonomischen Antrieb ist ihm eine hervorragende Zukunft sicher.“

Motorisiert wird das auf einem Radstand von 2,76 Metern (75 Millimeter mehr als beim Cruze) basierende, muskulös gezeichnete Show Car von einem sparsamen Turbo-Diesel-Vierzylinder mit zwei Litern Hubraum und einer Leistung von 150 PS und 320 Newtonmetern Drehmoment.

Im Innenraum des fünftürigen Orlando finden sich drei nach hinten hin ansteigende Sitzreihen, wobei sich die letzteren beiden zur horizontalen Ladefläche umlegen lassen. Zwei bis in den Fond durchlaufende Glasdächer sorgen für ein angenehm helles Interieur, das zudem unter anderem mit einem umfangreichen Infotainment- und Navigationssystem aufwartet. In der Mittelkonsole finden sich Anschlüsse für PDA oder MP3-Player; in den Fußraum, den Boden im Fahrzeugheck und die Mittelarmlehne der zweiten Reihe integrierten die Designer zusätzliche Verstaumöglichkeiten für die allgemeinen Familienutensilien. ■

2009 Chevrolet Corvette Stingray

Unter anderem griffen die Designer das legendäre Heckscheiben-Design der Corvette Stingray auf, hier zu sehen ein Fahrzeug aus dem Jahr 1963.

Eine beliebte Lösung, um die Öffentlichkeit der heutigen Zeit effektiv auf ein zu lancierendes Serienmodell oder eine Fahrzeugstudie aufmerksam zu machen, ist, das Produkt werbewirksam in einem Fernseh- oder Kinofilm zu platzieren. General Motors beschritt diesen Weg im zweiten Teil der „Transformers"-Saga nicht nur mit den Serienmodellen des Chevy Volt oder Camaro, sondern ebenso mit den Concept Cars Chevy Beat und Trax. Das eigentliche automobile Highlight im von Regisseur Michael Bay umgesetzten Hollywood-Movie hört allerdings auf den Namen „Sideswipe", wie man den Filmcharakter letztlich taufte. Dahinter verbirgt sich die Neuinterpretation des Corvette Stingray-Race Cars aus dem Jahr 1959.

„Sideswipe war für uns eine Übung zum Thema, wie die Zukunft der Corvette aussehen könnte", so Ed Welburn, seines Zeichens Vizepräsident GM Global Design. „Ich habe meinem Team vollkommene Freiheit bei den Entwürfen gegeben, ihm erlaubt, Grenzen zu überschreiten und Dinge auch mal aus anderen Perspektiven zu sehen." Heraus kam dabei eine futuristische Mischung aus zeitgenössischen Designdetails der Vergangenheit, Rennwagen und Raumschiff, als da sind: exzessive Schwünge über den Radkästen, tiefe Lufteinlässe in den Flanken, eine lange Motorhaube kombiniert mit einem kurzen Stummelheck, in dessen unterer Mitte gleich vier massive Auspuffrohre die Abgase ins Freie entlassen. Beim wohl schönsten Designkniff dürfte es sich allerdings um die zweigeteilte Heckscheibe handeln, die so in ähnlicher Weise einst bei der Stingray-Corvette aus den 1960er-Jahren Verwendung fand. ■

GM
1954 bis 2002

1954 GM Firebird I

Mit dem ersten der drei Firebird-Konzepte der 1950er Jahre läutete General Motors das „Jet Age" – das „Auto im Flugzeug-Look"-Zeitalter – ein. Abgesehen von seiner extravaganten Fiberglas-Form mit der spitzen Nase, den Stummel-Flügeln, dem Heckleitwerk und der angedeuteten Pilotenkanzel mit dem Einzelsitz (alles entstanden unter der Verantwortung Harley Earls) war es insbesondere sein Antrieb, der den Firebird I erwähnenswert macht. Eine Gasturbine im Heckbereich trieb die Studie an, ihren Kraftstoff schöpfte sie aus einem 130-Liter-Tank in der Front. Die Abgastemperatur des Experimentalfahrzeuges betrug satte 670 Grad Celsius. ■

1956 GM FIREBIRD II

Die Weiterentwicklung des Firebird I zum Firebird II war mehr als deutlich zu sehen: Das Konzept hatte in allen Dimensionen merklich zugenommen, anstelle des Platzes für eine Person konnten nun vier Passagiere das Jet-Zeitalter genießen. Ebenso konnte die verbaute Gasturbine nun nicht nur den Antrieb gewährleisten, sondern auch die Funktion von Klimaanlage und Servolenkung. Selbst die Abgastemperatur hatten die Entwickler von rund 670 auf 120 Grad Celsius senken können. Äußerst innovativ war die Nutzung von Scheibenbremsen und einer Einzelradaufhängung rundum am Firebird II. ■

1958 GM FIREBIRD III

Mit seinem zweifach gewölbten Kabinendach und den sieben großen Leitwerken an der Karosserie war der Firebird III der absolute Blickfang der General Motors Motorama. Wie schon seine Vorgänger war das „Flugzeug für die Straße" von einer Gasturbine angetrieben und bot als dritte Firebird-Evolutionsstufe diesmal insgesamt zwei Passagieren Platz.

Zu den wohl eindrucksvollsten Innovationen der Studie gehörte seine „Unicontrol"-Steuerung über einen Einhand-Joystick, mit dem gelenkt, beschleunigt, geschaltet und verzögert werden konnte. Lenkrad, Gas- und Bremspedal gehörten im Firebird III somit der Vergangenheit an. Ebenfalls bemerkenswert war der von der Forschungsabteilung entworfene „Ultra-Sonic"-Schlüssel, der die Türen öffnen ließ, sobald sich der Schlüsselträger dem Fahrzeug näherte. Man erinnere sich: Wir sprechen vom Jahr 1958! Im Falle einer Notbremsung sollten ausklappende Karosserie-„Bleche" (der Wagen war wie gewohnt aus Fiberglas gefertigt) die Verzögerung zusätzlich unterstützen. Eine im Heck montierte Kamera übertrug das Bild auf rund um den Fahrer angeordnete Bildschirme. ■

1963 GM RUNABOUT

Das Dreirad mit seinem Fließheck zeigte General Motors erstmals auf der Futurama-Show im Rahmen der New Yorker Weltmesse im Jahr 1963. Der Runabout sollte das Publikum durch seine kompakten Ausmaße und den doch durchaus großzügig bemessenen Innenraum mit Platz für zwei Passagiere und viel Gepäck begeistern. ■

1964 GM-X Stiletto

Wahrlich futuristisch kam der auf der New York World's Fair im GM Futurama-Pavillion gezeigte GM-X Stiletto daher. Hätten die Verantwortlichen bei seiner Präsentation erzählt, der rote Renner in Tropfenform könne fliegen, nicht wenige hätten es für bare Münze genommen. Die Optik des Hochgeschwindigkeitskonzeptes lehnte sich stark an den Flugzeugbau der damaligen Zeit an und so verwundert es auch nicht, dass anstelle des üblichen Lenkrades eine Art Steuerknüppel zum Einsatz kam, ebenso Kippschalter und ein Mikrofon/Lautsprechersystem, mit dem im Interieur, aber auch mit Personen außerhalb des Wagens korrespondiert werden konnte. ■

1966 GM ElectroVan

Mit dem ElectroVan schuf General Motors im Jahr 1966 das wohl erste Automobil mit funktionierendem Brennstoffzellenantrieb. Auf den ersten Blick schien der Lieferwagen jedem seiner benzingetriebenen Vettern zu entsprechen, hinter der Schiebetür allerdings verbarg sich die Technik, um aus Wasserstoff und Sauerstoff elektrische Energie zu schaffen und diese zum Antrieb des Fahrzeuges zu nutzen. Leider war diese Technik zwar innovativ, aber (noch) extrem platzraubend, sodass eine mögliche Weiterentwicklung des ElectroVan für die verantwortlichen Projektleiter nicht infrage kam. ■

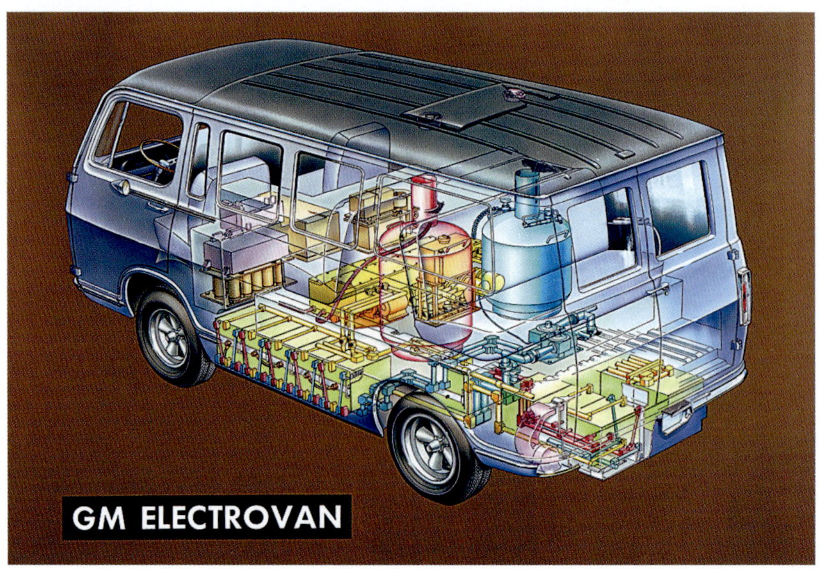

Das Experimental Car mit dem passenden Namen Phantom entsprang der Zeichenfeder von GM-Designchef William Mitchell und hätte durchaus in einem Hollywood-Film als Transportmittel für den legendären Batman dienen können.

Als Basis diente Mitchell das Chassis eines Pontiac Grand Prix, bei dem der gesamte Passagierraum nach hinten versetzt wurde, um die spitz zulaufend designte Motorhaube optisch extrem zu strecken. Der Verlauf der vorderen Kotflügel erinnert zum Teil an den Oldsmobile Toronado der Modelljahre 1966/67. Ein knackiger Hüftschwung, viele Chromteile und die extravaganten konischen Radkappen vervollständigen das Bild der düster wirkenden Studie. ■

1977 **GM PHANTOM**

1982 GM Aero 2000

Der Aero 2000 gehörte zu den aerodynamischsten Entwicklungen, die General Motors bis zu diesem Zeitpunkt verfolgt hatte. Bei dem erstmals auf der „World of Design"-Ausstellung im Epcot Center in Florida gezeigten Concept Car handelte es sich um einen Viersitzer mit Schiebetüren, Radabdeckungen an vorderen und hinteren Kotflügeln und weiteren Details, um dem „Benzindieb" Wind bzw. den durch ihn entstehenden Turbulenzen möglichst viel Gegenwehr zu bieten. ■

1987 GM Sunraycer

An der über 3.100 Kilometer langen World Solar Challenge auf dem australischen Kontinent nahm eine Vielzahl eigentümlich designter Fahrzeuge mit Solarantrieb teil. Den Sieg heimfahren konnte General Motors mit seinem Sunraycer, entwickelt von GM und Hughes Aircraft and AeroVironment, Inc. – mit 2 1/2 Tagen (!) Vorsprung vor dem Rest des Teilnehmerfeldes. ■

1992 GM Ultralite

Um erneut sein Engagement in Sachen „Umweltschutz durch Minimierung des Kraftstoffverbrauches" an die Öffentlichkeit heranzutragen, zeigte General Motors auf der North American International Auto Show in Detroit, Michigan, im Jahr 1992 den Ultralite. Hinter diesem allzu treffenden Namen verbirgt sich ein futuristisch anmutendes Fahrzeug mit Fiberglas-Karosserie in Monocoque-Bauweise und einem Gesamtgewicht von lediglich 635 Kilogramm, dessen Antriebsaggregat (ein 1,5 Liter Dreizylinder aus Aluminium mit 111 PS) lediglich 2,35 Liter Kraftstoff auf 100 Kilometern Wegstrecke verbraucht.

Dennoch verfügt das in einem Joint Venture vom GM Tech Center in Warren, Michigan, und Scaled Composites Inc. aus Mojave, Kalifornien, entwickelte Experimental Car über Platz für vier Personen, Klimaanlage, Automatikgetriebe und einen respektablen cW-Wert von 0.192.

Für den Sprint von 0 auf 100 km/h benötigt der Ultralite zügige 7,8 Sekunden, der Top Speed beträgt 217 Stundenkilometer.

Im Laufe ihrer Existenz wurde die Studie mit vielen Preisen ausgezeichnet, etwa dem Grand Award in Automotive Technology des Popular Science-Magazines. ■

Die Autonomy-Studie gilt als erstes Fahrzeug mit einer Kombination aus Brennstoffzellenantrieb und „Drive by Wire"-Technologie. Als Treibstoff wird hier flüssiger Wasserstoff (–253 Grad Celsius) verwendet, der in Kombination mit Sauerstoff in den Brennstoffzellen zu Wasser umgewandelt wird. Bei diesem Vorgang wird elektrische Energie frei, die über einen Elektromotor an die Antriebsräder weitergegeben wird. Aus dem Auspuff des Concept Cars tritt so quasi nur umweltunschädliches Wasser aus.

Das „Drive by Wire" verzichtet auf die gewohnte mechanische Technik für Lenkung oder Bremsen und gibt die Befehle des Fahrers stattdessen auf elektronischem Wege an die entsprechenden Aggregate weiter. Beim Autonomy bedeutet dies zum Beispiel den Verzicht auf die Pedalerie, das Führen des Fahrzeuges erfolgt hier über das „X-Drive" getaufte System mit einer Art Lenkrad, über das auch Geschwindigkeits- oder Bremsvorgänge gesteuert werden können. ■

PACIFIC
962
104
UNION PACIFIC RAILROAD

GM-T1

GM-Zugentwürfe

Natürlich waren die GM-Kreativen in den vielen Jahren der Firmengeschichte nicht nur auf vierrädrige Fortbewegungsmittel festgelegt, sondern wagten sich auch an andere Entwürfe. Vielfach handelte es sich dabei um Züge für den Personen- und Güterverkehr, die gerade in den 1940er Jahren extrem stromlinienförmig gezeichnet waren. Eine Auswahl der schönsten Modelle findet sich auf diesen Seiten, viele davon durchquerten sogar als Serienversion die USA. ■

GMC

1955 bis 2008

1955 GMC L'Universelle

Der Konzept-Truck mit dem französisch klingenden Namen wurde auf der Motorama des Jahres 1955 präsentiert, um die Konzern-Ideen im Bereich Lieferwagen zu dokumentieren.

Der GMC wurde durch ein Pontiac-Aggregat mit 180 PS in Mittelmotorbauweise angetrieben, der seine Kraft an die Vorderachse weiterleitete.

Auf der Motorama im kalifornischen San Francisco kündigte General Motors noch eine Serienproduktion des L'Universelle an; diese wurde allerdings nie in die Tat umgesetzt. Dennoch floss sein futuristisches Design zum Teil in den Corvair-Van ein, dessen Serienversion Chevrolet ab dem Modelljahr 1961 als Konkurrenz zum Volkswagen T1-Bus im Programm hatte. ■

2000 GMC Terradyne

Diese Pick-up-Studie, geschaffen für den härtesten Arbeitseinsatz, erblickte auf der North American International Auto Show erstmals das Licht der Öffentlichkeit. Der Truck beeindruckte nicht nur durch sein scheinbar unzerstörbares Äußeres, sondern vor allem durch viele äußerst innovative Ideen.

So besitzt der Terradyne einen fest installierten Generator, der im Einsatzfall bis zu 5.000 Watt an Leistung zur Verfügung stellt und mit 110 oder 220 Volt genutzt werden kann. Der Einstieg erfolgt auf beiden Fahrzeugseiten über vier Schiebetüren, die insbesondere in engen Parklücken hilfreich sind. Aus diesem Grund entfallen auch die B-Säulen, was wiederum das Beladen des Innenraums optimiert. Die Ladefläche ist ausziehbar, an ihren Seiten finden sich zwei abschließbare Staufächer. Lenkbewegungen werden mit dem „QuadraSteer"-System an alle vier Räder weitergeleitet, was die Beweglichkeit des GMC im Vergleich zu einem herkömmlichen Truck deutlich steigert. Motorisiert wird der Gigant von einem 6,6 Liter großen Turbodiesel-V8, die Kraftübertragung erfolgt per Fünfstufen-Automatikgetriebe.

Der geräumige Innenraum wartet mit Laptop, Rückfahrkamera, Aluminium, Edelstahl und Leder auf.

Der Name des Trucks setzt sich aus dem lateinischen „Terra" für „die Erde" und „dyne", griechisch für „Stärke und Kraft", zusammen. ■

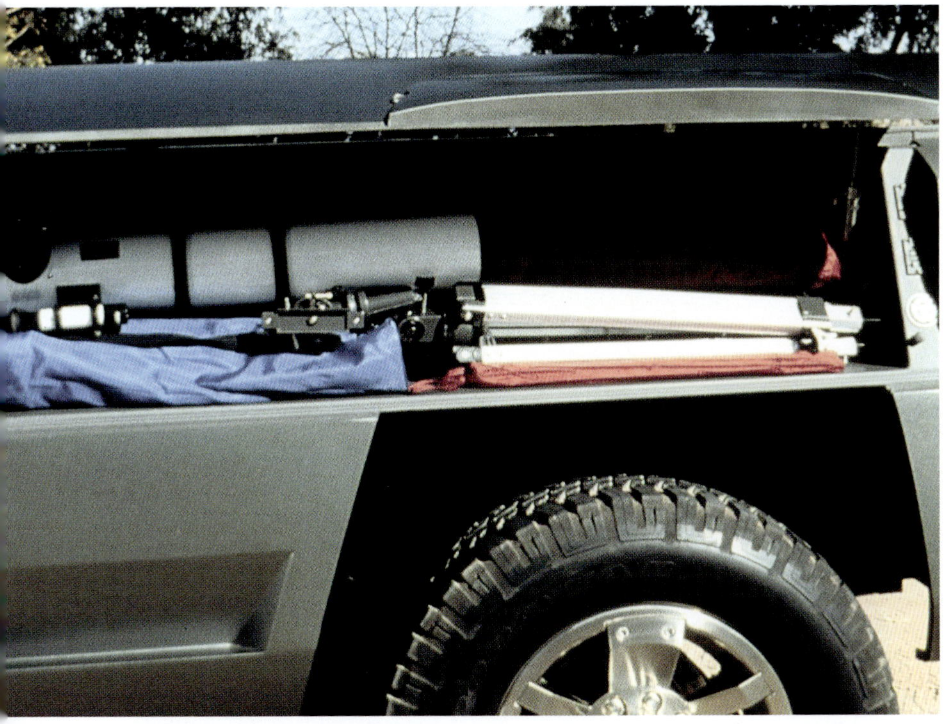

GMC

2001 **GMC Terracross**

Während man mit der Terradyne-Studie des Vorjahres seine Interpretation eines innovativen Pick-ups zeigte, läutete der Terracross die nächste Evolutionsstufe der SUV-Thematik ein. Der Concept Truck des Jahres 2001 bedeutete die perfekte Mischung aus nutzbarer Ladefläche und Cabriolet-Feeling. So besitzt der 4,37 Meter lange und auf 19"-Rädern stehende GMC ein riesiges dreiteiliges Glasschiebedach und eine variabel versenkbare Heckklappe, die so auf Wunsch eine offene Ladefläche schafft. Ebenso kommen Schiebetüren im Fond zum Einsatz, um den Ein- und Ausstieg in engen Parklücken zu erleichtern. Die Vordersitze sind um 180 Grad schwenkbar und ermöglichen so Konversationen von Gesicht zu Gesicht.

Angetrieben wird die Studie von einem 3,4 Liter großen V6 mit Vierstufen-Automatikgetriebe. ■

2002 GMC Terra4

Pünktlich zum 100. Geburtstag der Marke präsentiert GMC seine perfekte Mischung aus Vielseitigkeit und Umweltfreundlichkeit. Der Terra4 ist die Weiterentwicklung der vorangegangenen Studien Terradyne und Terracross und begeistert in allererster Linie durch seine Allradlenkung und den dank zusätzlicher kleiner Klappen im Bereich der Ladenflächen-Seitenwände extrem variablen Stauraum. Letzterer ist zudem witterungsunabhängig durch eine Abdeckung verschlossen.

Wie schon bei den Studien der Jahre 2001 und 2000 kommen im Innenraum des Terra4 Leder und gebürsteter Stahl zum Einsatz.

Das Antriebssystem des Konzeptes besteht aus dem gewohnten Achtzylinder-Verbrennungsmotor, ebenso aber auch einem Elektromotor, der per Bremsenergierückgewinnung geladen wird. An Ampelanlagen schaltet sich der Benziner automatisch aus, die Versorgung der Bordsysteme erfolgt dann über den Elektromotor. Beim Anfahren schaltet sich der Verbrenner wieder zu. Durch diese Vorgehensweise lässt sich der Kraftstoffverbrauch GM zufolge um bis zu 15 Prozent reduzieren. Ähnliche Hybridsysteme kommen mittlerweile in Serienmodellen aus dem Hause General Motors zum Einsatz. ■

2005 GMC Graphyte

Auch der Graphyte setzt nicht nur auf schiere Größe, sondern vielmehr auch auf ein innovatives Hybrid-Antriebssystem, bestehend aus einem 5,3-Liter-V8 (300 PS, 449 Newtonmeter Drehmoment) und gleich zwei Elektromotoren, deren Batterieeinheiten gut versteckt unter dem Rücksitz platziert wurden. Ebenso kommt am Verbrennungsmotor die „Displacement of Demand"-Technologie zum Einsatz, die im Fahrbetrieb bei Nichtbedarf automatisch einige der Zylinder abschaltet und so den Kraftstoffverbrauch noch weiter reduziert. ■

GMC

GMC
GMC
HYBRID

GMC

2008 GMC Denali XT

Satte 50 Prozent Kraftstoffersparnis verspricht General Motors mit den im Denali XT verbauten Antriebskomponenten. Diese setzen sich zum einen aus einem 4,9 Liter großen Achtzylinder (326 PS) mit Direkteinspritzung und automatischer Zylinderabschaltung zusammen, der mit umweltfreundlichem E85-Ethanol betankt werden kann. Des Weiteren kümmert sich ein Elektromotor bei niedrigen Geschwindigkeiten um den Vortrieb, geladen werden die Batterien im Schiebebetrieb des Motors. Ähnliche Hybridsysteme kommen bereits bei Serienfahrzeugen wie dem GMC Yukon oder Sierra zum Einsatz.

Weitere Innovationen des Denali XT umfassen ein variables Midgate, sprich eine klappbare Kabinenrückwand, und ein höhenverstellbares Fahrwerk. ■

GMC
DENALI XT

GMC
DENALI XT
HYBRID

Hummer
2000 bis 2008

2000 HUMMER H2 SUV

Nach dem überragenden Erfolg der Zivilversion des einstigen Militär-HUMVEE, für die Kunden seit seiner Markteinführung 1992 auf den Namen Hummer H1 getauft, zeigt General Motors auf der North American International Auto Show in Detroit Anfang 2000 eine neue, kompakter designte Fahrzeugstudie mit kürzerem Radstand, kleinerem Wendekreis und (noch) kürzeren Überhängen. Der H2 weist zwar die charakteristische robuste Optik des Ur-Modells auf (das während des Golfkrieges zum Teil auch per Fallschirm aus Flugzeugen abgeworfen wurde und die Landungen regelmäßig heil überstand), kommt allerdings mit wesentlich mehr Annehmlichkeiten als der H1 daher. Zu Letzteren gehört unter anderem ein großes elektrisches Sonnendach, vier einzelne Ledersitze, ein Navigationssystem, DVD-Video, ein Nachtsichtgerät, Internetzugang und vieles mehr – „perfekt für den Rodeo Drive, aber auch für den Weg zum Rodeo-Event", wie es in der Pressemitteilung von damals heißt.

Das Concept Car besitzt eine Einzelradaufhängung rundum und rollt auf 9,5 x 19" großen Aluminium-Rädern, die mit 35"-Reifen aus dem Hause GoodYear bezogen wurden. Den Antrieb gewährleistet ein kraftvoller 6,0 Liter großer V8 in Kombination mit einer vierstufigen Automatik.

Zum Modelljahr 2003 ging der Hummer H2 in Serie, wobei man sich optisch stark an die vorangegangene Studie anlehnte. ■

2001 HUMMER H2 SUT

Knapp ein Jahr nach der Präsentation der H2-SUV-Studie im Jahr 2000 zeigt man im Frühjahr 2001 eine Abwandlung des Concept Cars. Der SUT (für „Sport Utility Truck") lehnt sich technisch wie optisch bis hinter die Rückbank an den gewohnten SUV-Kabinenaufbau an, dahinter allerdings offenbart sich Stauraum unter freiem Himmel, um zumindest ansatzweise auch ins populäre Pick-up-Segment vordringen zu können.

Die Ladefläche des Lifestyle-Trucks gibt sich auf den ersten Blick zwar relativ klein, misst aber dennoch bis zu 1,20 Meter x 1,80 Meter. Wie dies zustande kommt? Ganz einfach und durchdacht: Auf Knopfdruck verschwindet die Heckscheibe in der Kabinenrückwand, deren unterer Teil anschließend in den (nun hinten offenen) Innenraum umgelegt werden kann. Bei nach vorne hochgeklappter Fond-Sitzbank entsteht dann ebenjener, zum Teil überdachte Stauraum für Freizeit-Equipment oder Arbeitsutensilien, ohne auf die gewohnten Annehmlichkeiten des H2-Interieurs verzichten zu müssen.

Vor der Präsentation des H2 SUT wird die Studie im Rahmen eines Foto-Shootings für Pressezwecke unter der Brooklyn Bridge in New York professionell in Szene gesetzt, bevor Arnold Schwarzenegger, Schauspieler und heutiger Gouverneur des US-Bundesstaates Kalifornien, mit dem Konzept medienwirksam am 10. April 2001 über den Times Square in Richtung Messehallen der New York International Auto Show rollt.

Der Hummer H2 SUT geht zum Modelljahr 2005 in Serie (blaugraues Fahrzeug auf dieser Seite). ■

2003 Hummer H3T

Pünktlich zur Greater Los Angeles Auto Show im Dezember des Jahres 2003 präsentiert General Motors eine weitere Neuerung im Hummer-Portfolio, welches bis zu diesem Zeitpunkt lediglich die Modelle H1 und H2 umfasst. Mit dem H3T erscheint ein Concept Car für den Mittelklasse-SUV-Markt auf der Bildfläche, das durchweg für positive Resonanzen seitens der Journalisten und Messebesucher sorgt. Wesentlich kompakter und dennoch optisch ähnlich designt wie seine Brüder, begeistert der H3T nicht nur durch seine Ladefläche, sondern insbesondere durch eine Vielzahl an innovativen Ideen. So besitzt die Pick-up-Box etwa seitlich zu öffnende Türen und ausklappbare Stufen, des Weiteren wettergeschützte Stauboxen und eine Heckklappe, die in geöffnetem Zustand die Ladefläche erweitert. Ebenso kommen ein überdimensionales und elektrisch zu bedienendes Stoffdach und eine herunterfahrbare Heckscheibe zum Einsatz, die zusammen mit dem Faltdach für eine gehörige Portion Open-Air-Feeling sorgen sollen.

Der H3T rollt auf 34 Zoll großen Rädern und bietet eine Bodenfreiheit von respektablen 30 Zentimetern, mit Rampenwinkeln von 51 bzw. 50 Grad ist die Offroad-Studie ebenso gut aufgestellt. Für das Design der BFGoodrich-Reifen verantwortlich zeichnet der Schuhhersteller Nike, wobei die Gummis mit dem roten Mittelstreifen an Wanderschuhe aus der Kollektion der amerikanischen Firma erinnern sollen.

Nachdem General Motors zunächst ab dem Modelljahr 2006 eine geschlossene SUV-Version des H3 ins Rennen um die Gunst der Käufer schickt, erscheint die Ladeflächen-Version des H3 erst zum Modelljahr 2009. Sie kommt allerdings nicht – wie beim Concept Car von 2003 – als Einzelkabine, sondern zwecks potentiell größerer Absatzmöglichkeiten mit Rücksitzbank daher. ■

2008 Hummer HX

Als perfektes Einsatzfahrzeug für Hummer-Erstkäufer im jüngeren Alterssegment zeigt GM auf der North American International Auto Show in Detroit, Michigan, die Studie mit dem Buchstabenkürzel HX. Entworfen von einem Trio junger Designer, setzt der größentechnisch noch unter dem H3 angesiedelte Prototyp auf ein Höchstmaß an Vielseitigkeit. So sind beispielsweise das Dach und die seitlichen Dachteile abnehmbar, ebenso die Kotflügel und die Türen. Mehr Frischluft bietet da wohl nur noch ein Motorrad.

Das HX-Interieur versprüht dank vier optisch filigran wirkender Einzelsitze mit pflegeleichtem Neopren-Überzug und der großzügigen Verwendung von Aluminiumteilen ein futuristisches und zugleich praktikables Flair ohne überflüssige Schnörkel; Armaturenbrett und Mittelkonsole (mit Staufach und Anschluss für MP3-Player, iPod & Co. anstelle eines normalen Radios) wirken wie aus dem Vollen gefräst, die Fondsitze lassen sich zwecks Schaffung zusätzlichen Stauraums herausnehmen.

Den optimalen Kontakt zur Fahrbahn gewährleistet ein permanentes Allradsystem inklusiv sperrbarer Differentiale und 35"-Rädern, im Fall der Fälle steht sowohl eine elektrische Winde an der HX-Front hilfreich zur Seite als auch großzügig dimensionierte Abschlepphaken rundum. Der gesamte Unterboden ist zum Schutz vor spitzen Felsen und ähnlichen Offroad-Schikanen mit Platten verkleidet worden. Am eigentlichen Vortrieb arbeitet ein 3,6 Liter großer und mit umweltfreundlichem E85-Ethanol betankbarer V6-Motor in Kombination mit einer sechsstufigen Automatik. ■

AEROTECH

Oldsmobile
1953 bis 2000

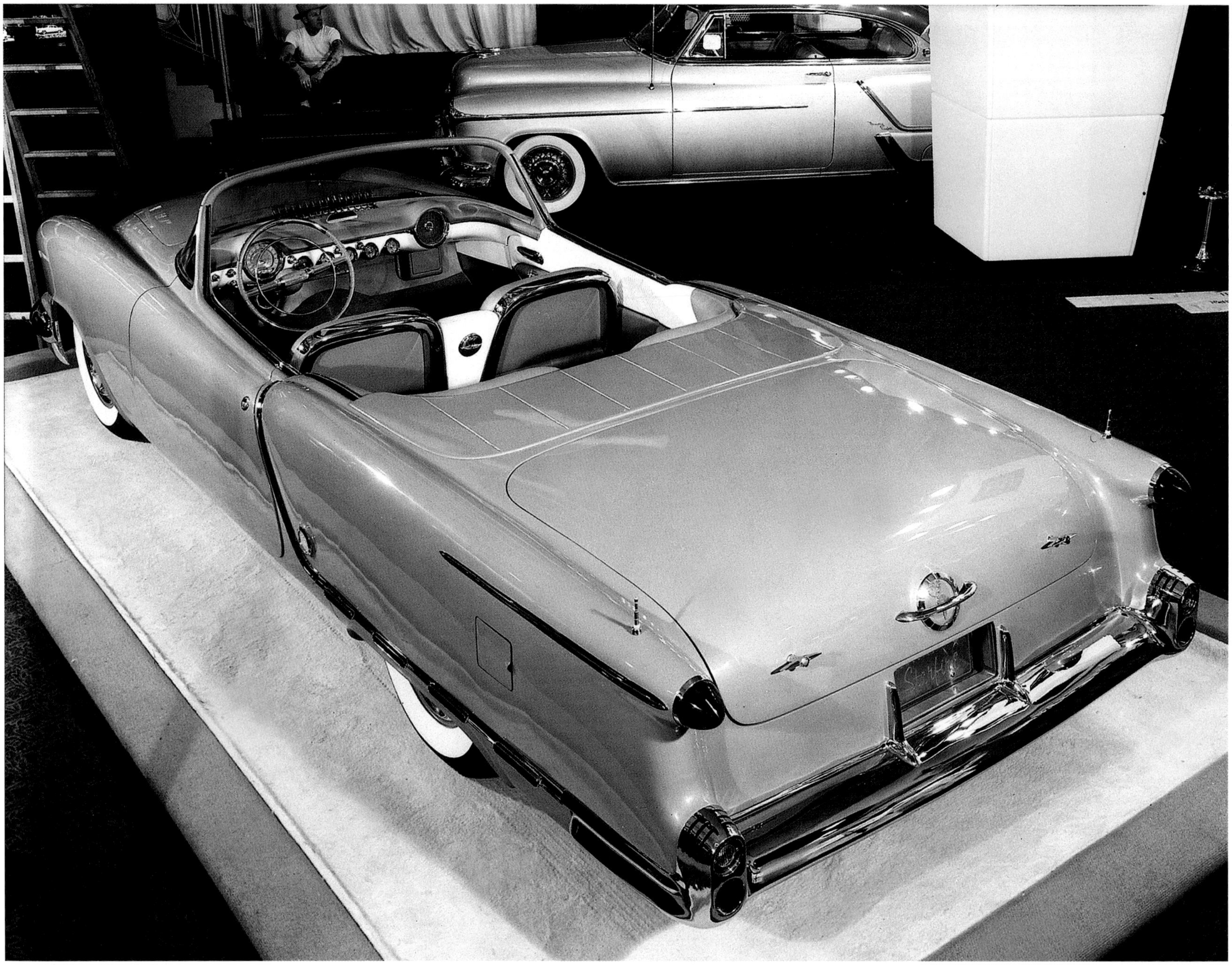

1953 Oldsmobile Starfire

Im gleichen Jahr, als das Corvette-Konzept erstmals auf der Bildfläche erschien, zeigten die Verantwortlichen bei Oldsmobile ein viersitziges Show Car (vom eigentlichen Platzangebot her wohl eher ein 2+2-Sitzer) – den Starfire (zu Deutsch: „Sternenfeuer"). Seinen Namen verdankt das elegante Cabriolet mit der Fiberglas-Karosserie dem seit Dezember 1949 gefertigten Lockheed-Kampfflugzeug F-94, das den gleichen Beinamen trug. Der Starfire auf Rädern verfügte über eine niedrig angesetzte Gürtellinie, eine Panorama-Windschutzscheibe und einen wunderschönen ovalen Chrom-Kühlergrill. Hinter den Türen bereicherten die Designer den Body mit einer nach unten geschwungenen Chromleiste, die im Bereich der Heckstoßstange ausläuft.

Da der Name Starfire sehr gut in der Öffentlichkeit aufgenommen wurde, wählte man ihn gleich fürs Folgejahr als Modellbezeichnung für die Serienproduktion. ■

1954 Oldsmobile Cutlass

Mit dem Cutlass zeigte General Motors ein weiteres Konzept, dessen Name Jahre später ein Serienmodell zieren sollte. Wie zur damaligen Zeit üblich entnahm man auch hier die Designideen aus dem Flugzeugbau. Große Heckflossen und die wunderschön geschwungene und nach hinten spitz zulaufende Dachform vereinten sich bei diesem Hardtop mit einer durch Lamellen verdeckten Heckscheibe (die wie die anderen Glasflächen in einem dezenten Kupferton eingefärbt waren), einer Kombination aus Kühlergrill und Chrom-Stoßstange an der Front und vielen Details mehr. Auch der Cutlass war sportlich konzipiert worden und besaß eine Gesamthöhe von lediglich 1,30 Metern. ■

POWER FOR THE AIR AGE
DRAG THRUST

1954 Oldsmobile F-88

Der F-88 gehörte zu den legendären Dream Cars der GM Motoramas, jener jährlichen Shows, die im Waldorf Astoria Hotel in New York eröffnet wurden und danach auf Reise quer durch die USA gingen, um den Menschen von Innovationen und Autoträumen aus dem Hause General Motors zu berichten. Der offene Zweisitzer aus dem Jahr 1954 entstand auf Basis der Corvette der ersten Generation, wurde allerdings im Gegensatz zum Sechszylinder des Chevys von einem modifizierten 5,4 Liter großen Oldsmobile-V8 mit 250 PS und einer Vierstufen-Automatik angetrieben.

Die Fiberglas-Karosserie war in einem Goldton lackiert, das helle Leder-Interieur bildete dazu mit seinem zentral montierten Tachometer einen gelungenen Kontrast.

Da damals wie heute die Konzeptfahrzeuge nach Abschluss ihres Präsentationszyklusses normalerweise verschrottet wurden (anstelle der Verkehrssicherheit dienten sie ja auch vornehmlich als Blickfang), Styling-Chef Harley Earl aber begeistert vom F-88 war, ließ er sich ein zweites Exemplar für den privaten Einsatz nachbauen. Dieser Wagen allerdings war nicht golden, sondern in einem satten Rotton lackiert. Im Laufe der Jahre ging das eigentliche Original „irgendwie" und nachweislich ohne Verschrottung verloren. Manch einer sprach sogar von einem Feuer, in dem der goldene Olds vernichtet wurde; Earls roter Wagen wurde dafür überarbeitet und erblickte als F-88 Mark II im Jahr 1957 erneut das Licht der Publikumswelt.

Mysteriöserweise nahm einige Jahre später Earls Freund Errett Lobban Cord (Erfinder und Namensgeber der Automarke Cord) ein paar Holzkisten in Empfang, in denen sich ein zerlegter F-88 befand. Nach zwölffachem Besitzerwechsel der Kisten im Laufe der folgenden Jahrzehnte machte sich schließlich ein Autosammler aus Seattle daran, das Show Car in seinen ursprünglichen Zustand zurückzuversetzen, bevor es letztlich für mehr als drei Millionen Dollar Höchstgebot bei einer Barrett-Jackson-Auktion versteigert wurde. Ein schönes Ende für einen Wagen, der einen Großteil seiner Existenz in Holzkisten verbringen musste. Nicht alle Concept Cars sind also auf immer verloren und vergessen … ■

1955 Oldsmobile Delta 88

Als Möglichkeit, neue Materialien und Designelemente zu testen, diente das Delta 88 Show Car. Basierend auf dem Radstand von 3.048 Millimetern eines Eighty-Eight-Serienmodells stand das Hardtop für vier Personen auf Aluminium-Felgen, besaß eine Mittelkonsole mit Radioeinheit, Aluminium-Optikdetails und gleich zwei Kraftstofftanks in den hinteren Kotflügeln. Lackiert war die Studie in zwei unterschiedlichen Blautönen, die durch eine geschwungene Zierleiste an den Seiten voneinander abgesetzt waren. ■

1956 Oldsmobile Golden Rocket

Der Golden Rocket debütierte auf dem Pariser Mondial de L'Automobile Anfang 1957. Neben seiner ausgefallenen Optik mit den zwei Heckflossen im Raketendesign bestach dieser Olds insbesondere durch sein innovatives Sitzplatzsystem, welches dem Passagier den Einstieg merklich erleichtern sollte.

So hob sich nach dem Öffnen einer Tür nicht nur ein Teil des Daches an, sondern ebenso der eigentliche Sitz, der sich außerdem in Richtung Türöffnung drehte. Über Knöpfe am filigranen Lenkrad ließ sich zudem die Lenksäule wegklappen. ■

1957 Oldsmobile F-88 MK II & 1959 Oldsmobile F-88 MK III

Extra für die Motorama-Ausstellung des Jahres 1957 schuf man eine zweite, abgewandelte Version des 1954er F-88. Dieses blau-metallic-farbene Cabriolet (im Bildvordergrund) nahm einige Designaspekte des bevorstehenden Serienmodelljahres 1958 vorweg. Ein Kühlergrill mit vertikalen Streben und vorgezogene, spitze Heckflossen unterschieden die Neuauflage maßgeblich von ihrem in die Jahre gekommenen Vorgänger.

„Aller guten Dinge sind drei" – an diesen Spruch hat sich Styling-Chef Harley Earl auch in Sachen F-88 gehalten. Denn zwei Jahre nach dem MK II zeigte man erneut eine Weiterentwicklung auf Basis des Fahrzeuges aus den Jahren 1954/1957. Diesmal strahlte die Karosserie in einem leuchtenden Rotton und verfügte über ein wegklappbares Dach aus gebürstetem Aluminium, welches die zwei Passagiere auf ihren Einzelsitzen vor den Umwelteinflüssen hätte schützen können. Die extrem flach konzipierte Motorhaube machte es nötig, Vergaser und Kühler sowie die Auspuffanlage zu modifizieren. Harley Earl fuhr den Mark III eine Zeitlang auch im Privatleben und auf dem Arbeitsweg. ■

Hinter dem Steuer eines der zwei Aerotech-Prototypen (gebaut wurden eine Version mit langem und eine Version mit kurzem Heck) erzielte der dreifache Indy-500-Gewinner A. J. Foyt im Jahr 1987 mit rund 413 km/h einen neuen Geschwindigkeits-Weltrekord für in sich geschlossene Rennstrecken.

1987 Oldsmobile Aerotech

Angetrieben wurde das Konzept von einem Reihen-Vierzylinder mit lediglich 2 Litern Hubraum, dafür allerdings versehen mit zwei großen Turboladern, die das Aggregat auf immense 750 PS pushten. ■

1989 Oldsmobile Tube Car

Was später in die Serienversion des Oldsmobile Aurora zum Modelljahr 1995 gipfelte (siehe Foto mit schwarzem Wagen des Modelljahres 1999), begann rund sechs Jahre zuvor als Studie mit dem Namen Tube Car. Während Details wie etwa die durchgehende Rückleuchteneinheit übernommen wurden, fielen die hinten angeschlagenen Türen im Fond oder das Hardtop-Design ohne B-Säule der Rationalität zum Opfer. ■

1997 Oldsmobile Alero

Große 18"- und 19"-Räder, kurze Karosserieüberhänge, kleine Seitenscheibenflächen und ein breites Heck, dazu schmale Scheinwerfer, Klarglas-Rückleuchten und Chrom-Akzente – das Alero-Konzept der Marke Oldsmobile bildet eine gelungene Mischung aus Sportlichkeit und luxuriösem Auftritt. Letzterem zuträglich ist auch das riesige zu öffnende Glasdach, Leder an Sitzflächen und Lenkrad (unter anderem mit Tempomat- und Klimaanlagen-Tasten), Holz und ein kräftiges Entertainmentsystem. Die Gänge des Automatikgetriebes werden über „Touch Drive"-Kontrolltasten am Lenkrad gewechselt, Zutritt und Zündung zum Alero erfolgen schlüssellos per mitgeführtem Chip. Über den zentralen Monitor werden die Navigation und allgemeine Einstellungen verwaltet. ■

2000 Oldsmobile Profile

Seine schmalen „Sehschlitze" an der Front verleihen dem im Jahr 2000 auf der Los Angeles International Auto Show gezeigten Profile ein gewisses sportliches Profil (um sprachlich gleich beim Namen der Studie zu bleiben). Denn mit dem Viertürer (die hinteren zwei als Schiebetüren ausgelegt) versuchte General Motors, die damals immer mehr schwindende Kundschaft (der heute nicht mehr existierenden Marke) für eine Sport-Limousine unter Oldsmobile-Flagge zu begeistern. Unter der Haube arbeitet ein 250 PS starker V6, der seine Kraft an alle vier Räder weiterleitet. ■

Pontiac
1953 bis 2003

1953 Pontiac Parisienne

Auch für den optisch seriennahen Parisienne, gezeigt auf der Motorama 1953 neben vielen anderen Show Cars, zeichnete Chef-Designer Harley Earl verantwortlich. Das Markenzeichen der Studie war neben der Panorama-Windschutzscheibe ihre Dachkonstruktion, bei der der Chauffeur unter freiem Himmel saß, während die Herrschaften im Fond dank eines eigenen festen Dachteiles wohlbehütet vor Zugluft und Umwelteinflüssen geschützt waren.

Seinen Namen, die Farben und das Interieur-Design verdankt das 1,42 Meter hohe Fahrzeug Henry Lauve, Chef des „Color & Interior Studios“ bei General Motors, der in Paris sein Studium absolviert hatte.

Den Namen Parisienne nutzte GM viele Jahre später auch bei einem Pontiac-Serienmodell aus dem Full-Size-Segment. ■

1954 PONTIAC BONNEVILLE SPECIAL

Als Pontiacs Antwort auf die Corvette entstand der Bonneville Special des Jahres 1954, der neben anderen Studien auf den Motorama-Shows dem Publikum vorgeführt wurde. Auch dieses aus Fiberglas gefertigte Coupé lehnte sich in Sachen Design perfekt an das Thema Flugzeugbau an: Besondere Erwähnung finden müssen hier die gläserne „Rundum-Kanzel" mit ihrer gewölbten Front- und Heckscheibe und den aufklappbaren durchsichtigen Plexiglas-Dachhälften in Gullwing-Manier, außerdem die zentrale „Flugzeug-Turbine" im Heck (das wohl extravaganteste Continental-Kit mit Ersatzrad aller Zeiten) und der überdimensionale, auf der Lenksäule sitzende Tachometer. Im ansonsten aufgeräumten Armaturenbrett saßen sechs verchromte Zusatzinstrumente, der Wählhebel der Automatik erinnerte an den Schubregler eines Flugzeuges. Angetrieben wurde die Studie von einem Reihen-Achtzylinder mit Hydramatic-Automatikgetriebe.

Interessant: Seinen Namen verdankt das Show Car einer Reise Harley Earls zu den Bonneville Salt Flats in Utah, einem viele Kilometer langen ausgetrockneten Salzsee, auf dem bereits damals Hochgeschwindigkeitsrekorde zu Lande aufgestellt wurden. ■

1955 Pontiac Strato Star

Ein Hardtop mit Platz für sechs Passagiere und riesigen Glasflächen begeisterte die Besucher der GM Motorama des Jahres 1955. Das silberne Show Car verfügte über nach innen versetzte Scheinwerfer an der Front, eine ausgeprägte Chrom-Frontstoßstange und die Pontiac-typischen „Silver Streaks" auf der Motorhaube. Das optische Highlight bilden die beiden Heckflossen, die bis ins Dach des Concept Cars hinein verlaufen. Den Einstieg erleichtern rund 15 Zentimeter tiefe automatisch nach oben klappende Dachteile über den Türen. Angetrieben wird das 5,14 Meter lange und 1,35 Meter hohe Strato Car von einem 250 PS starken Achtzylinder in V-Form.

Die kleinen angedeuteten Lufteinlässe über den Scheinwerfern kamen bei Pontiac-Serienmodellen des Jahrgangs 1955 zum Einsatz. ■

1956 Pontiac Club de Mer

Die Karosserie des Club de Mer, auf der GM Motorama 1956 gezeigt, bestand komplett aus Fiberglas, verfügte über einen Radstand von 2,62 Metern, war rund 4,60 Meter lang und noch nicht einmal einen Meter hoch.

Das Design des Pontiac bestach durch zwei einzelne gewölbte Windschutzscheiben für Fahrer- und Beifahrer, versenkbare Scheinwerfer und eine vom Flugzeugbau inspirierte, mittig eingearbeitete Heckflosse.

Im zinnoberroten Innenraum des Zweisitzers fanden sich Einzelsitze mit Sicherheitsgurten und ein mit Instrumenten vollausgestattetes Armaturenbrett.

Angetrieben wurde der Club de Mer von einem 300 PS starken V8 mit Vierfachvergaser.

Neben dem Show Car in Originalgröße ließen die Verantwortlichen noch eine kleinere Variante in 1:25 bauen, die ebenfalls mit auf Reisen war. Während der große Pontiac 1958 verschrottet wurde, schenkte Chef-Designer Harley Earl das kleine Automobil seinem Enkelsohn als umgebautes Tretauto. ■

EXIT

1959 & 1960 Pontiac Bonneville X-400

Das Show Car X-400 basierte auf dem Serienmodell eines Bonneville Cabriolets, besaß allerdings versteckte Scheinwerfer und ein extravagantes Interieur. Unter der Haube des weißen Pontiac arbeitete ein 389 cubic inch bzw. 6,4 Liter großer Achtzylinder in V-Form mit zusätzlicher Kompressoraufladung. ■

1963 Pontiac Bonneville Maharani

Obgleich sich dieses Bonneville-Modell auf den ersten Blick eher unscheinbar gab, steckte doch wesentlich mehr hinter der Fassade des offenen Pontiac als zunächst erwartet. Angefertigt in Anlehnung an eine indische Prinzessin und Träume aus Tausendundeiner Nacht bestach das Show Car durch luxuriöse Annehmlichkeiten im Überfluss.

Das 63er „Pilot Line"-Modell (ebenjene Fahrzeuge wurden vor der eigentlich anlaufenden Serienproduktion über die Fließbänder geschickt, um die Arbeitsabläufe ein letztes Mal zu kontrollieren und gegebenenfalls zu optimieren) mit Vollausstattung wurde von den Designern in ein unglaublich strahlendes „Pearlescent Aqua" gehüllt, die Bonneville-Schriftzüge gegen Maharani-Äquivalente ersetzt.

Im Interieur kam „Metallic Aqua"-farbenes Leder in Verbindung mit reichlich Pfauenfedern zum Einsatz, Metallteile wurden in die Außenfarbe gehüllt. Den normalen Teppich ersetzten die Verantwortlichen gegen eine plüschige Variante.

Die Motorisierung bildete ein 389 cubic inch bzw. rund 6,4 Liter großer Achtzylinder, an den eine vierstufige „Hydramatic"-Automatik gekoppelt war. ■

Im Jahr 1962 als Serienmodell eingeführt, gehörten die Grand Prix-Modelle schnell zu den populärsten und luxuriösesten Fahrzeugen der 1960er Jahre. Das X-400-Konzept des Jahres 1963 besaß nicht nur eine Kompressoraufladung, sondern gehörte auch zu den ersten Wagen überhaupt mit rechteckigen Scheinwerfern anstatt zweier runder übereinanderstehender Exemplare. Sie waren zunächst durch Gitter geschützt, wobei man im Folgejahr darauf verzichtete. Die Motorhaube aus Fiberglas besaß zwei sportliche Lufteinlässe.

1963 & 1964 PONTIAC GRAND PRIX X-400

Die Aufgabe des 1964er X-400 sollte es sein, die Kunden auf den Geschmack des Serienmodells Pontiac GTO zu bringen, der im gleichen Jahr das Licht der Kundenwelt erblickte, allerdings erst im zweiten Modelljahr die Designidee mit den senkrecht stehenden Scheinwerfern aufgriff. Die vor den hinteren Radkästen des 1963er und 64er X-400 endenden Chrom-Auspuffrohre schafften es dagegen nicht in die Serie. ■

13M·249

1974 Pontiac Banshee III

Auf Basis des Firebird-Serienmodells entstanden 1966 (kurz vor der offiziellen Markteinführung des Firebird), 1968, 1974 und 1979 vier Fahrzeugstudien mit dem Namen Banshee. Das hier gezeigte Exemplar aus dem Jahr 1974 versteckt seine Scheinwerfer hinter Plastikabdeckungen, große glänzende Lüftungsöffnungen hinter den vorderen Radhäusern setzen Akzente. Die Rückleuchten sind als filigrane Doppelstreifen pro Seite ausgearbeitet, unter der Haube arbeitete ein 455 cubic inch bzw. knapp 7,5 Liter großer „Super Duty"-V8. Im Innenraum unterstrichen Einzelsitze die Sportlichkeit der Studie, das Armaturenbrett wurde vom Serien-Firebird übernommen. ■

1978 Pontiac Firebird Trans Am Kammback

Im Auftrag von GM Design-Vize-Präsident David Holls kreierte man auf Basis des 1978er Pontiac Firebird zwei extravagante Kombiversionen (eine silberne und eine goldene Variante). Die Kammback getauften Concept Cars entstanden bei der italienischen Designschmiede Pininfarina und besaßen einen riesigen Kofferraum, der durch Flügelfenster in den Seiten beladen werden konnte.

Erste Ideen für eine Serienfertigung verwarfen die Verantwortlichen allerdings schnell, da man nach Fertigstellung auf einen möglichen Verkaufspreis von rund 25.000 US-Dollar kam. Ein normales Firebird-Hardtop-Coupé war bereits ab 4.825 US-Dollar zu haben, ein Kombi somit viel zu teuer. ■

1988 Pontiac Banshee

Erneut und somit zum fünften Mal tauchte der Name Banshee auf der GM-Showbühne auf: Mit dem im Jahr 1988 präsentierten Concept Car verlieh General Motors seinen Vorstellungen eines High-Performance-Sportwagens Ausdruck. Eine tief heruntergezogene, spitze Frontmaske, große und breite Leichtmetallfelgen und die insgesamt geduckte Erscheinung des rot-schwarzen Renners vermittelten einen extrem sportlichen Eindruck. ■

1989 Pontiac Stinger

Ein echtes Frischluftgefühl vermittelte die an die jüngere Käuferschaft gerichtete Pontiac-Studie aus dem Präsentationsjahr 1989. Der kompakte Allradler besaß lediglich ein paar Karosserieteile aus Fiberglas und Scheiben, die seine Passagiere vor den Elementen beschützten. Die Heck- und Seitenscheiben, ja sogar die Frontscheibe und das Radio (ähnlich der „Sportable Transistor Radio Option" aus dem Modelljahr 1959) waren auf Wunsch einfach herausnehmbar, wodurch sich der grün-graue Allround-Künstler in ein offenes und flexibel einsetzbares Spaßmobil verwandelte. ■

1991 PONTIAC PROTOSPORT 4

Mit dem ProtoSport 4 zeigte Pontiac eine viertürige Studie mit Platz für vier Passagiere und den Fahreigenschaften eines Sportwagens. Motorisiert war das heckgetriebene Fahrzeug von einem 250 PS starken Achtzylinder mit Vierstufen-Automatik, die Lenkbewegungen wurden an alle vier, vorne 19 und hinten 20 Zoll großen Räder weitergeleitet. Obgleich Scheinwerfer und Rückleuchten in ihren Ausmaßen extrem klein ausfielen, war ihre Leuchtleistung groß – dank Xenon- und LED-Technologie. Die hinteren Passagiere konnten sich über eingebaute Monitore und ein praktikables Videoabspielgerät freuen, den Einstieg erleichterten nach oben und zugleich zur Seite aufschwenkende Türen vorne und hinten. ■

1997 Pontiac Rageous

Auf der North American International Auto Show in Detroit präsentierte Pontiac den kompakten Hecktriebler Rageous. Unter der Haube des zackig gezeichneten Sport-Coupés mit seinen großen 22"-Aluminium-Felgen und den 315er Reifen werkelte ein potenter „Ram Air"-V8 mit 315 Pferdestärken.

Das eigentliche Highlight des „Red Rush"-farbenen Konzeptes ist jedoch seine Vielseitigkeit, oder wie es der damalige Pontiac-GMC-General Manager Roy Roberts beschrieb: „Das Concept Car versprüht eine sportliche Aggressivität und vermittelt Fahrspaß, aber vor allem lassen sich mit ihm Dinge anstellen, die in einem herkömmlichen Sport-Coupé nicht möglich sind oder zumindest wesentlich optimiert wurden." Gemeint hat Roberts in Bezug auf den 1,40 Meter hohen Rageous seine Funktionalität: vier Türen (die hinteren sind verkehrt herum angeschlagen), insbesondere aber die dank waagerecht umzulegender Fondsitze und des Beifahrersitzes große ebene Ladefläche zum Transport von Sportgerät und Co. Ein optimales Be- und Entladen gewährleistet die Heckklappe in Kombination mit dem herunterklappbaren Tailgate.

Über eine Kugelmaus am Lenkrad lassen sich alle notwendigen Daten des Fahrzeuges auf das Head-up-Display auf der Frontscheibe holen. ■

1999 Pontiac Aztek

Wenn man sich in der Markenhistorie Pontiacs auf die Suche begeben würde nach dem Wagen, über den Presse und Besucher bei seiner Präsentation am meisten diskutierten, findet man sich schnell bei der Aztek-Studie aus dem Jahr 1999 wieder. Das multifunktionale Crossover-Fahrzeug bestach durch seine aggressiv gestylte Frontpartie, die Variabilität des Interieurs und nicht zuletzt durch sein eigenwilliges Heck. Unter der Karosserie des auf 8,5 x 18"-Rädern stehenden Concept Cars arbeitete ein 3,4-Liter-V6 mit 200 PS Leistung.

Das Erstaunen der Weltöffentlichkeit war groß, als die GM-Verantwortlichen die Studie quasi optisch unverändert als 2001er Serienmodell (das rote Fahrzeug auf dieser Doppelseite) in die Ausstellungsräume der Pontiac-Händler stellten. Im Modelljahr 2005 wurde der Aztek letztlich wieder eingestellt. ■

SEA-DOO

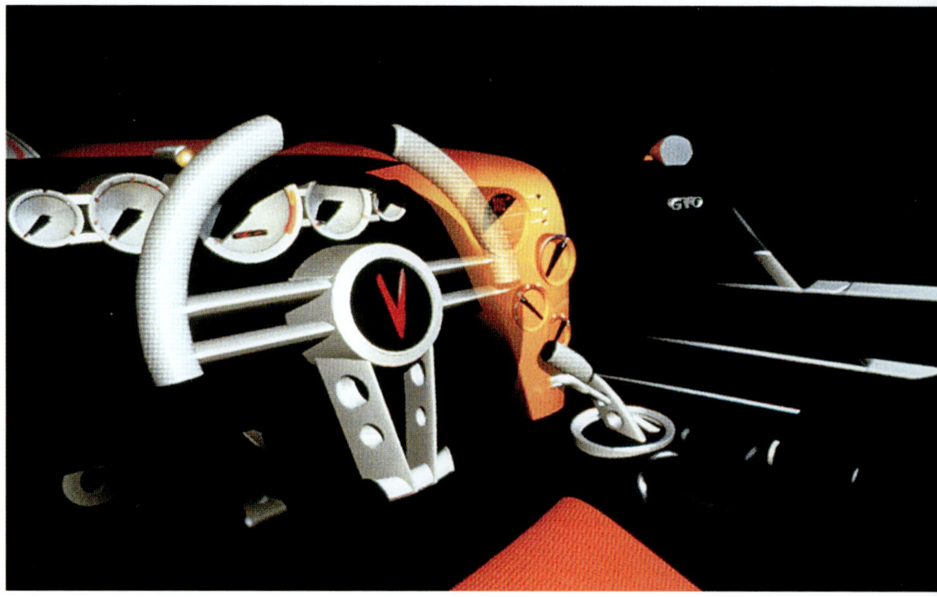

1999 Pontiac GTO

Für viele Menschen gilt der erstmals zum Modelljahr 1964 auf den Markt gebrachte GTO als das erste echte Muscle Car. Damals pflanzte Pontiac einfach einen großvolumigen Motor in eines seiner Mittelklassemodelle und fertig sollte einer der großen Umsatzbringer bis hinein ins Modelljahr 1974 sein. Zu ebenjenem letzterem Zeitpunkt lösten die GM-Verantwortlichen schließlich den eigenen Modellstatus des GTO auf und boten die innerhalb eines Jahrzehnts legendär gewordenen drei Buchstaben nur noch als Option bei dem Kompaktwagen Ventura an. Das Schicksal des GTO schien besiegelt, die Trauer der Fans war grenzenlos … Bis zum Jahr 1999: Mit der im Rahmen der Detroiter Auto Show gezeigten Neuauflage in Concept Car-Form rief General Motors den GTO zurück ins Leben. Und die Begeisterung von Medien und Besuchern war riesig: Das in dynamischen Ecken und Kanten ausgearbeitete Coupé wusste die Massen sofort zu begeistern, der Grill erinnerte an die Modelljahre 1966/67 und griff zugleich Details der 1968/69er GTOs auf. Auf der langen Motorhaube findet sich ein außerhalb montierter Tachometer, wie ihn die 1967er Modelle optional besaßen, die doppelten Lufteinlässe erinnern an die Modelle von 1971/72. Letzteren entliehen ist auch das Felgendesign in Bienenwaben-Optik, die Heckansicht soll an den 1966er GTO erinnern. Das sportliche Interieur der Studie bietet Platz für vier Personen.

Zum Modelljahr 2004 ging der GTO-Name letztlich wieder in Serie, vom emotionalen Design der Studie wurde leider nicht viel übernommen. ■

GTO

GTO

GTO

2000 Pontiac Piranha

Mit dem Slogan „Small Package with a Big Bite", sprich „Kleines Paket mit großem Biss", zeigte Pontiac pünktlich zum neuen Jahrtausend den Piranha. Eine große Innenraumflexibilität und somit zugleich vielseitige Einsatzmöglichkeiten sollte die auf 18"- und 19"-Rädern stehende und von einem sparsamen 2,2 Liter großen Vierzylinder mit Fünfstufen-Automatik angetriebene Studie zum Lifestyle-Mobil für die jüngere Käufergruppe machen. Umklappbare Sitze oder die ebene und auf Wunsch offene Ladefläche unterstrichen den Auftritt des Activity Vehicles. ■

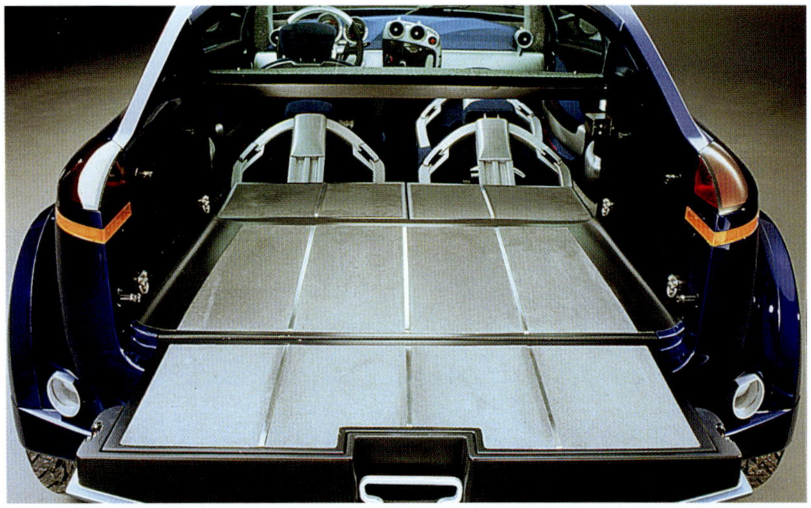

2001 Pontiac REV

Der REV erschien als Nachfolge-Studie des Piranha auf der Bildfläche. Die Designer präsentierten ihn als „Rallye Sport-Coupé mit Platz für Freunde und Gepäck und Go-anywhere-Charakter".

Der Allradler besitzt ein variabel dem Untergrund anpassbares Fahrwerk, der Antrieb erfolgt per 3,0-Liter-V6 mit 245 PS Leistung und einem sequentiellen Schaltgetriebe, bei dem die fünf Gänge elektronisch über einen Joystick befehligt werden. Der REV steht auf 19"- und 20"-Rädern, Kotflügel und Seitenteile sind aus einer leichtgewichtigen Karbonfaser gefertigt.

Während die vorderen Türen wie gewohnt öffnen, sind die hinteren als Schiebetüren konzipiert, die parallel zum Wagen nach hinten weggleiten. Auf B-Säulen wurde zugunsten eines besseren Einstiegs für die vier Passagiere in den REV bewusst verzichtet. Die Heckklappe mit ihren 560 LEDs lässt sich nach oben und unten wegklappen, der eingebaute Dachträger hält Mountainbikes & Co. ■

2002 Pontiac Solstice Roadster & Coupé

Keep it simple, pure and beautiful – Halte es einfach, puristisch und wunderschön: eine an die Hausdesigner gerichtete Anweisung von GM Chairman Bob Lutz, die man mit dem Solstice perfekt auf den Punkt gebracht hat. Im Jahr 2002 zeigte General Motors unter der Pontiac-Flagge gleich zwei Versionen eines kompakten Sportwagens, der dem Betrachter den Atem raubt. „Der nordamerikanische Markt ist reif für einen bezahlbaren Roadster, ohne übertriebene Spielereien, dafür mit einer Menge Fahrspaß gesegnet", so Lutz während der Messepräsentation. Gerade einmal vier Monate vergingen von der ersten Zeichnung (erstellt vom Designer Franz von Holzhausen im kalifornischen GM Design Studio) bis zum fahrbaren Prototypen auf 19"- und 20"-Rädern.

Das Interieur wartet mit Leder, Wagenfarbe und Titanakzenten auf, das fahrerorientierte Cockpit gibt sich mit zwei Instrumenten bewusst aufgeräumt, alle weiteren Daten werden über einen kleinen LCD-Bildschirm mitgeteilt.

Unter dem Blech werkeln ein aufgeladener 2,2-Liter-Vierzylinder mit 240 PS und ein Sechsgang-Schaltgetriebe. Eine Einzelradaufhängung rundum gewährleistet ein optimales Fahrverhalten.

Die Serienversionen (Heckansicht des grauen Coupés auf der rechten Seite) sind seit dem Modelljahr 2006 als Roadster und seit dem Modelljahr 2009 auch als geschlossene Variante optisch deutlich an den Studien orientiert auf dem nordamerikanischen Markt erhältlich. Der aktuelle Opel GT für den deutschen Markt basiert ebenfalls auf dem Pontiac Solstice. ■

2003 Pontiac G6

Als sportliche Limousine mit Grand Tourismo-Ambitionen rollte die G6-Studie auf die Detroiter Showbühne. Kurze Überhänge, 20"-Räder und der typische geteilte Pontiac-Kühlergrill verleihen dem Viertürer ein dynamisches Äußeres, ohne auf den Platz für vier Passagiere verzichten zu müssen.

Den Antrieb des G6 an allen Rädern gewährleistet ein 3,5 Liter großer V6 mit 286 Pferdestärken. Das Interieur gibt sich fahrerorientiert, die verwendeten Materialien wie das zweifarbige Leder oder Titan-Details vermitteln einen Mix aus Hochwertig- und Sportlichkeit.

Der G6 ging als Viertürer zum Modelljahr 2005 in Serie, die Coupé-Version und ein Cabriolet mit Metallklappdach folgten im darauffolgenden Modelljahr. ■